제과제빵기능사와
제과제빵산업기사

제조 공정의 이해와 제품특성에 따른 제조방법의 이해

제과제빵기능사와 제과제빵산업기사

조승균 · 김영희 공저

(주)백산출판사

Preface

제과제빵 시장은 앞으로 몇 년간 지속적인 성장이 예상된다. 특히, 글로벌 베이커리 제품 시장은 2024~2029년 동안 약 2,709억 달러 규모에 이를 것으로 보이며 연평균 성장률(CAGR)은 7.4%에 달할 것으로 전망하고 있다.

제과제빵 시장의 성장요인은 소비자 선호 변화에 따라 건강과 웰빙을 중시하는 소비자의 증가와 저칼로리 및 글루텐 프리 제품에 대한 수요가 높아진 데서 기인한다. COVID-19 팬데믹 이후 온라인 쇼핑이 활성화되면서 제과제빵 제품의 온라인 판매가 증가한 것도 성장요인이라 할 수 있다. 글로벌 시장 규모는 2025년까지 약 1조 4,000억 달러(한화 약 1,954조 원) 규모로 예상되며 소비자들이 건강을 중시함에 따라 유기농 및 천연 재료를 사용한 제품의 수요가 증가할 것으로 보인다.

이처럼 제과제빵 시장은 건강과 웰빙을 중시하는 소비자 트렌드에 힘입어 지속적으로 성장할 것으로 예상되며 온라인 판매의 증가와 함께 다양한 건강 지향 제품들이 시장에 출시될 것이다.

따라서 모든 제품에 트렌드를 반영하고 응용할 수 있으려면 기초가 튼튼해야 한다. 기초를 다지는 데는 꾸준한 연습과 정확한 제조 공정에 대한 이해가 먼저 이루어져야 하기 때문에 제과제빵기능사에서 요점을 정리하였고 제품 특성에 따라 제조방법을 이해하고 응용할 수 있도록 제과제빵산업기사에서 요점을 정리해 보았다.

이 책이 여러 제품을 응용할 수 있는 기초 자료가 되었으면 하는 바람이다.
작은 소망이 이루어지는 그날을 기약하며…

이 책을 발간하기까지 도움을 주신 충남제과제빵커피 직업전문학교 선생님들께 감사드린다.

Contents

제과제빵이론

■ 제과와 제빵을 구분하는 기준

① 이스트의 사용여부(이스트를 사용하면 제빵, 사용하지 않으면 제과)

② 설탕 배합량의 많고 적음

③ 밀가루의 종류(강력분–제빵용, 중력분–제면용, 박력분–제과용)

④ 반죽 상태(제과는 점도가 낮다)

■ 제과의 주요 재료와 기능

• 밀가루 : 제과에서는 밀가루의 글루텐이 골격을 이루는 구조형성에 관여함

	강력분	중력분	박력분
글루텐 함량(%)	11~13%	9~11%	7~9%

• 설탕 : 제과에서 단맛과 색의 품질 향상, 수분 보유력 등 최종 제품을 부드럽게 하는 역할을 함

① 감미제 작용 – 제과에 풍미를 주며 최종 제품에 단맛을 부여하는 감미제

② 캐러멜화 작용 – 오븐에서의 열로 인해 캐러멜 작용이 생김

③ 노화지연 – 수분 보유력이 있어 제품을 부드럽고 오랫동안 저장할 수 있게 함

④ 연화작용 – 착색과 함께 조직이 연화되어 제품을 부드럽게 함

⑤ 퍼짐성 – 흐름성을 이용한 것으로 과자 반죽이 퍼짐

• 달걀 : 껍질:노른자:흰자=10%:30%:60%

① 팽창제 : 공기를 혼입하여 반죽을 부풀리게 함(스펀지케이크, 롤케이크 등)

② 유화제 : 노른자가 들어 있는 레시틴은 유화제 역할을 함(마요네즈, 아이스크림 등)

③ 농후화제 : 달걀이 가열되면 열에 의해 응고되어 제품을 걸쭉하게 함(커스터드 크림, 푸딩 등)

④ 구조 형성제 : 밀가루와 함께 결합작용, 제품의 구조를 형성함

※ 수분 함량

전란 - 75%, 노른자 - 50%, 흰자 - 88%

※ 달걀의 신선도 측정

① 껍질은 윤기가 없으며 까슬까슬하다.

② 소금물(소금 6~10%)에 넣었을 때 가라앉는다.

③ 흔들어보았을 때 소리가 없으며 햇빛을 통해 볼 때 속이 맑게 보인다.

④ 깨었을 때 노른자가 바로 깨지지 않아야 한다.

• 유지 : 제과에서 유지는 주로 부드럽게 하는 역할을 함

종류	박력분
버터	- 우유의 유지방으로 제조 - 지방 80%, 수분 14~17%, 소금 0~3% - 종류 : 무염버터, 가염버터, 발효버터
마가린	- 버터의 대용품으로 개발(인조버터) - 지방 80%, 우유 16.5%, 소금 0~3%, 유화제 0.5%
쇼트닝	- 라드(돼지기름) 대용품으로 개발 - 지방 100%, 수분 0.5% 이하
튀김기름	- 100%의 액체유지로 구성 - 수분량 0% - 튀김용 유지는 발연점이 높은 면실유가 적당 - 튀김 기름의 4대 적 : 온도, 수분, 공기, 이물질

※ 유지의 특징

① 크림성 : 믹싱 중 공기를 포집하여 크림처럼 부드럽게 변하는 것

② 안정성 : 오랫동안 저장할 수 있는 성질, 지방의 산화(산패)를 억제하는 성질

③ 가소성 : 상온에서 고체 형태를 유지하는 성질

잘 밀어펴지게 해줌 → 파이류, 페이스트리류

④ 쇼트닝성 : 빵 · 과자 제품에 부드러움과 바삭함을 주는 성질

• 물

① 수화 작용 : 밀가루와 물의 결합

② 식감 조절 : 반죽에 수분을 공급하여 식감 조절

③ 팽창 작용 : 반죽 속 수분은 굽기 중 내부 온도가 98℃로 올라가면 증기압을 형성하여 주위의 공기를 팽창시켜 반죽을 부풀림

④ 되기 조절 : 반죽의 되기를 조절

⑤ 반죽의 온도 조절 : 믹싱 과정 중 마찰열이 발생하면, 물의 온도를 조절하여 23~24℃로 맞춤

⑥ 재료의 분산 작용 : 반죽을 하면서 재료를 골고루 분산시킴

• 우유

우유의 고형분은 밀가루 단백질과 결합해 케이크의 조직 형성

수분 88%, 고형물 12%로 이루어져 있음

① 구조 형성 – 단백질을 함유하고 있어 제품의 구조 형성

② 캐러멜화 반응과 풍미 – 우유에 함유된 유당 평균(4.8% 함유)은 캐러멜화 반응으로 겉껍질 색상을 짙게 하면서 풍미 생성

③ 수분 보유제 : 수분이 88% 함유되어 있어 노화를 연장하여 저장성 향상

• **소금 : 모든 제품의 필수적인 재료로서 소금을 넣으면 풍미가 상승됨**

① 단맛의 상승 : 소량의 소금을 사용할 경우 단맛 상승

② 감미도 조절 : 설탕의 단맛을 순회시켜 감미도 조절

③ 캐러멜화 반응 촉진 : 당의 열 반응 온도를 낮추어 캐러멜화 반응을 촉진시킴

• 유제품

① 생크림(동물성) : 우유의 지방을 분리해, 농축하여 만든 유크림. 우리나라에서는 유지방 18% 이상인 크림을 말함

– 특징 : 유크림의 풍부하고 진한 풍미가 있어 베이킹 재료뿐만 아니라, 다양한 요리에도 사용됨

식물성 크림에 비해 가격이 비싼 편이고 유통기한이 짧은 단점이 있음

② 휘핑크림(식물성) : 우유가 아닌 식물성 유지(팜유, 야자유, 대두유)를 가공하여 만든 인조크림

– 특징 : 유크림으로 만든 동물성 생크림에 비해 풍미가 떨어진다는 단점

온도변화에 강하여 데코용으로 쓰임

동물성 생크림에 비해 가격이 저렴한 편이며 유통기한이 길다.

■ 제과제빵에 사용하는 기계

• 믹서의 종류

① 수직형 믹서(버티컬 믹서)

소규모 제과점에서 케이크 반죽이나 빵 반죽을 제조할 때 사용

② 수평형 믹서

대량 생산을 하는 공장에서 주로 사용. 단일 품목의 주문 생산에 편리

③ 스파이럴형 믹서

S형 훅이 고정되어 있어 제빵용 믹서로 적합

④ 에어믹서

제과용 믹서로 일정한 공기를 형성시킴

• 오븐의 종류

① 데크오븐 : 단층으로 되어 있는 오븐. 소규모 제과점에서 주로 사용

② 터널오븐 : 단품목을 대량생산하는 공장에서 많이 사용

③ 컨벡션 오븐 : 팬을 이용하여 바람으로 굽는 오븐. 하드계열의 빵과 쿠키를 만들 때 사용. 일정한 크기와 고른 색의 제품을 만들 수 있음

■ 제과 제법

• 거품형 반죽 : 거품형 반죽은 계란의 기포성을 이용한 반죽으로 화학적 팽창제에 의존하지 않고 달걀에 의해 부피를 형성한다.

- 특징

① 기본 스펀지 재료 : 달걀, 설탕, 소금, 밀가루

② 밀가루보다 달걀을 많이 사용하여 반죽의 비중이 낮고 가볍다.

③ 일반적으로 유지를 사용하지 않으나 건조방지를 위해 최종단계에서 60℃ 정도로 데운 후 투입한다.

④ 종류 : 스펀지케이크, 롤케이크, 카스텔라, 머랭, 다쿠아즈, 엔젤시폰케이크 등

- 만드는 제법

① 공립법 : 더운 믹싱법 - 달걀 + 설탕 → 43℃ 중탕하는 방법

찬 믹싱법 - 달걀 + 설탕 → 실온에서 제조하는 방법

② 별립법 : 노른자와 흰자를 분리하여 제조하는 방법

③ 머랭법 : 흰자 + 설탕 → 거품을 낸 후 가루재료를 혼합하는 방법

＊ 냉제머랭, 온제머랭, 스위스머랭, 이탈리안머랭

④ 1단계법 : 모든 재료를 한꺼번에 넣고 제조하는 방법

• 시퐁(시폰)형 반죽

시퐁형 반죽은 별리법처럼 흰자와 노른자를 나누어 쓰되, 노른자를 거품 내지 않고 흰자는 설탕을 섞어 머랭을 만들어 두 가지 반죽을 혼합해 만드는 반죽이다.

- 특징

① 별립법과 같이 흰자를 머랭으로 만들지만, 노른자를 거품 내지 않는 것이 별립법과의 차이점이다.

② 부드럽고 촉촉한 제품을 만들 수 있다.

• 반죽형 반죽

반죽형 반죽은 유지, 설탕, 달걀, 밀가루를 기본 재료로 하며, 화학팽창제를 사용하여 부풀린 반죽이다.

- 특징

① 유지 사용량이 많아 부드러우나 구조가 약해질 수 있다.

② 일반적으로 달걀보다 밀가루를 더 많이 사용하는 반죽으로 비중이 높고 무겁다.

③ 종류 : 파운드케이크, 머핀류, 레이어케이크 등

- 만드는 법

① 크림법 : 유지+설탕+달걀→크림상태로 만든 후 가루재료 혼합

＊ 장점 - 부피가 큰 케이크 제조 가능

＊ 단점 - 스크래핑을 자주 해야 함

② 블렌딩법 : 유지+밀가루→고슬고슬한 상태→건조재료, 액체재료

※ 장점 : 제품의 조직을 부드럽고 유연하게 만듦

※ 단점 : 단순히 피복하므로, 반죽의 공기 혼입량이 적어 완제품의 팽창이 적은 편임

③ 1단계법 : 유지에 모든 재료를 한꺼번에 혼합하는 방법

※ 장점 : 노동력과 제조 시간을 절약할 수 있음

※ 단점 : 유화제가 필요함

④ 설탕 · 물법

유지:설탕물=2:1 혼합 후→가루재료→달걀 혼합

※ 장점 : 대량생산에서 많이 사용할 수 있음

• 고율배합과 저율배합

- 고율배합이란?

밀가루의 양보다 설탕량이 많음

보습 효과가 높고 오랫동안 신선도를 유지하며 제품의 부드러움을 지속시킴

- 저율배합이란?

밀가루 양보다 설탕량이 적음

항목	고율배합	저율배합
공기 혼입 정도	공기 혼입 높음	공기 혼입 낮음
비중	낮다(가볍다)	높다(무겁다)
화학 팽창제 사용량	적다	많다
굽는 온도	저온 장시간(오버 베이킹)	고온 단기간(언더 베이킹)

• 반죽의 비중

- 비중이란?

부피가 같은 물의 무게에 대한 반죽의 무게를 숫자로 나타낸 것

수치가 작을수록 비중이 낮음(반죽 속에 공기가 많음)

수치가 높을수록 비중이 높음(반죽 속에 공기가 적음)

제품에 영향을 미치는 항목	낮은 비중	높은 비중
부피	크다	작다
기공	크다	작다
조직	거칠다	조밀하다

비중 측정법 : $\frac{\text{반죽무게 - 컵무게}}{\text{물무게 - 컵무게}}$

제빵이론

■ 제빵의 주요 재료와 기능

• 밀가루 : 경질소맥(경질밀=강력분) 사용

전분 70%, 단백질 11~13%, 수분 13%, 회분 0.4~0.5%

※ 구조형성 : 단백질(글리아딘-신장성, 글루테닌-탄력성)+물=글루텐 형성

물 : 아경수(120~180ppm, 약산성 pH 5.2~5.6)을 주로 사용

• 이스트 : 출아 증식하여 생성

생이스트의 1g 중 세포 수는 50~100억 개

당을 발효하여 탄산가스 및 알코올, 산, 열을 생성

생이스트의 보관 : 0~3℃(냉장보관)

• 소금 : 발효 속도 조절 및 글루텐 강화

※ 후염법 : 소금을 유지 투입 후 첨사하여 믹싱 시간을 10~20% 단축

• 설탕 : 이스트의 발효원(영양성분) 역할을 함

■ 빵의 제조 방법

• 스트레이트법 : 모든 재료를 한꺼번에 믹서에 넣고 반죽하는 방법

소규모 제과점에서 주로 사용하는 방법

※ 장점 : 노동력과 시간 절감, 제조 공정 단순, 제조 장소 · 제조 설비 감소

※ 단점 : 잘못된 공정 수정 불가능, 제품의 노화가 빠르고 부피가 작음

• 스펀지도우법 : 반죽을 두 번 하고, 중종법이라 하며 처음의 반죽을 스펀지 반죽, 나중의 반죽을 본반죽이라 함

※ 장점 : 작업 공정에 대한 융통성이 있음. 발효 내구성이 강함
제품의 부피가 크고 속결이 부드러움

※ 단점 : 시설, 노동력, 장소 등 경비 증가, 발효 손실 증가

• 액체발효법: 이스트, 이스트푸드, 물, 설탕, 분유 등을 섞어 2~3시간 발효시킨 액종을 만들어 사용하는 스펀지 도우법의 변형법. 완충제를 분유로 사용하기 때문에 아드미법(ADMI)이라고도 함

※ 장점 : 한번에 많은 양의 발효 가능, 균일한 제품의 생산 가능

※ 단점 : 산화제, 연화제 필요함

• 비상반죽법 : 짧은 시간에 제품을 만들어내는 방법

※ 비상반죽법의 필수조치

① 생이스트 사용량 2배 증가(발효 속도 촉진)

② 반죽시간 20~30% 증가(반죽의 신장성을 좋게 함)

③ 반죽온도 30℃(발효 속도 촉진)

④ 1차 발효시간 15~30분(공정 시간 단축)

※ 장점 : 비상 시 빠른 대처 가능, 노동력&임금 절약

※ 단점 : 이스트 냄새가 나고, 노화가 빠름

• 연속식 제빵법 : 액체발효법을 이용하여 모든 공정을 자동화된 기계로 계속적·자동적으로 진행하여 제품을 제조하는 방법

→ 대규모 공장에서 단일 품목을 대량생산할 때 적합한 방법

※ 장점 : 설비가 감소되어 공장면적 감소, 노동력 감소, 발효손실 감소

※ 단점 : 초기 설비 투자 비용이 큼. 산화제 첨가로 인해 발효향 감소

• 노타임반죽법 : 1차 발효를 하지 않거나 짧게 하는 대신에 산화제와 환원제를 사용하여 믹싱과 발효시간을 감소시켜 제조 공정을 단축하는 방법

산화제	환원제
요오드칼륨 : 속효성 작용 브롬산칼륨 : 지효성 작용	L-시스테인 : S-S결합을 절단 프로테아제 : 단백질을 분해하는 효소

※ 장점 : 제조 시간 절약, 반죽이 부드러우며 흡수율이 좋음

※ 단점 : 발효에 의해 향과 맛이 떨어짐. 맛과 향이 좋지 않음

• 냉동반죽법 : 1차 발효 or 성형 후 -40℃로 급속냉동시켜 -20℃ 전후에서 보관하다 필요시 해동하여 쓸 수 있도록 반죽하는 방법

→ 보통 반죽보다 이스트의 양을 2배로 사용한다.

※ 장점 : 운송 및 배달 용이, 계획 생산 가능
초보자도 쉽게 생산할 수 있어 가정에서 쉽게 만들 수 있음

※ 단점 : 냉동 중 이스트의 사멸로 가스 발생력 및 가스 보유력 저하

사워종법	- 이스트를 사용하지 않고 밀가루나 호밀가루에 자생하는 효모균류, 유산균류와 물을 반죽하여 배양한 발효종을 이용하는 제빵법
재반죽법	- 스트레이트법에서 변형된 방법 - 모든 재료를 넣고 물만 8% 정도 남겨두었다가, 발효 후 나머지 물을 넣고 반죽하는 방법
촐리우드법	- 발효를 하지 않고 산화제와 초고속 반죽기를 이용하여 반죽을 만드는 방법
오버나이트스펀지법	- 밤새 발효시킨 스펀지를 이용하는 방법

• 반죽 믹싱단계

단계	품목	특징
혼합단계	데니시 페이스트리	- 유지를 제외한 모든 재료를 넣고 혼합하는 단계 - 반죽에 끈기가 없어 끈적거리는 상태 - 저속으로 1~2분 정도 돌림
청결단계	스펀지 반죽	- 글루텐이 형성되기 시작하는 단계 - 반죽이 한 덩어리로 뭉쳐 믹싱볼이 깨끗해짐 → 이때 유지 투입

발전단계	하드 브레드	- 반죽의 탄력성이 최대로 증가함 - 반죽이 강하고 단단해지는 단계
최종단계	식빵, 단과자빵류	- 탄력성과 신장성이 가장 좋음 - 반죽이 부드럽고 윤이 나는 단계 - 반죽을 양손으로 펼치면 찢어지지 않는 얇은 막 형성
지친단계	잉글리시 머핀, 햄버거빵	- 과반죽의 상태로 글루텐의 구조가 다소 파괴되는 단계 - 반죽이 처지고 탄력성을 잃는 단계
파괴단계	×	- 글루텐이 완전히 파괴됨 - 탄력성과 신장성이 줄어들어 결합력이 거의 없는 단계에 반죽을 구우면 팽창이 일어나지 않고 제품이 거칠게 나옴

• 1차 발효

- 1차 발효란?

반죽이 완료된 후, 정형과정에 들어가기 전까지 발효시키는 단계

※ 1차 발효의 온 · 습도 : 온도 27~28℃, 습도 75~80% 정도

※ 1차 발효의 목적

① 반죽의 팽창 작용 : 이스트가 활동할 수 있는 최적의 조건을 만들어, 가스 발생력을 극대화시킨다.

② 반죽의 숙성작용 : 이스트의 효소가 작용하여 반죽을 유연하게 만듦

③ 빵의 풍미 생성 : 발효에 의해 생성된 알코올류 등을 축적하여 독특한 맛과 향을 부여함

• 분할과 둥글리기

- 분할이란?

1차 발효를 끝낸 반죽을 미리 정한 무게만큼씩 나누는 것

※ 분할하는 과정에도 발효가 계속 진행되므로 가능한 빠른 시간 내에 끝내야 함

- 둥글리기란?

분할한 반죽의 잘린 단면을 매끄럽게 마무리하고, 가스를 균일하게 조절하는 것

※ 둥글리기의 목적

① 가스를 균일하게 분산하여 반죽의 기공을 고르게 조절함

② 반죽의 절단면은 점착성을 가지므로 이것을 안으로 넣어 표면에 막을 만들어 점착성을 적게 함

③ 분할로 흐트러진 글루텐의 구조와 방향을 정돈함

• 중간발효란?

둥글리기가 끝난 반죽을 정형하기 전에 잠시 발효시키는 것. 벤치타임(bench time)이라고도 함

– 약 10~15분 정도 함

※ 중간발효의 목적

① 반죽의 신장성을 증가시켜 정형 과정에서 밀어펴기를 쉽게 하기 위해서

② 가스 발생으로 반죽의 유연성을 회복시키기 위해서

③ 분할, 둥글리기하는 과정에서 손상된 글루텐 구조를 재정돈하기 위해서

• 정형

- 정형이란?

중간발효가 끝난 반죽을 밀대로 가스를 고르게 빼거나, 만들고자 하는 제품의 형태로 만드는 공정

※ 좁은 의미의 정형공정 : 밀기 – 말기 – 봉하기

넓은 의미의 정형공정 : 분할 – 둥글리기 – 중간발효 – 정형 – 팬닝

- 팬닝이란?

정형이 완료된 반죽을 팬에 채우거나 나열하는 공정

※ 팬닝 시 주의사항

① 반죽의 무게와 상태를 정하여 비용적에 맞추어 적당한 반죽양을 넣는다.

② 반죽의 이음매는 팬의 바닥에 놓아 이음매가 벌어지는 것을 막는다.

③ 팬의 온도 : 32℃가 적당

• 2차 발효

- 2차 발효란?

정형과정을 거치는 동안 불완전한 상태의 반죽을 발효실에 넣고, 숙성시켜 좋은 외형과

식감의 제품을 얻기 위하여 제품 부피의 70~80%까지 부풀리는 작업

※ 2차 발효의 온습도 : 온도 35~38℃, 습도 75~90% 정도

※ 2차 발효의 목적

① 성형에서 가스 빼기가 된 반죽을 다시 부풀리기 위해

② 반죽온도의 상승에 따라 이스트와 효소를 활성화시키기 위해

③ 바람직한 외형과 식감을 얻기 위해

• 굽기

- 굽기란?

반죽에 열을 가하여 소화하기 쉽고 향이 있는 완성 제품을 만들어내는 것

제빵 과정에서 가장 중요한 공정이라고 할 수 있음

※ 오븐 사용온도 : 180~230℃

※ 굽기의 방법

① 처음 굽기 시작의 25~30%는 팽창

다음의 35~40%는 색을 띠기 시작하고, 반죽을 고정하며 마지막 30~40%는 껍질을 형성시킨다.

② 고율배합과 발효 부족인 반죽은 저온 장시간(오버베이킹) 굽기

저율배합과 발효 오버된 반죽은 고온 단시간(언더베이킹) 굽기

영양학 및 재료과학

■ 탄수화물(당질)

단당류	포도당	- 과일 중 포도에 많이 들어 있음 - 두뇌, 신경세포, 적혈구의 에너지원 - 혈액에 있는 포도당 : 혈당 - 물에 녹기 쉽고 순수한 무색의 결정
	과당	- 과일, 꿀에 들어 있고 용해성이 가장 좋음 - 당류 중 가장 단맛이 강하며 흡습성이 있음
	갈락토오스	- 포유동물 젖에만 존재 - 물에 잘 녹지 않음

이당류	유당(젖당)	- 포유동물의 젖에 많이 함유되어 있어 젖당이라고도 함 - 잡균의 번식을 막아 정장작용을 함 - 유당의 분해효소 : 락타아제
	자당(설탕)	- 사탕수수나 사탕무로 만든 이당류 - 당류의 단맛의 기준
	맥아당(엿당)	- 곡식이 발아할 때 생기며, 주로 발아한 보리, 엿기름 속에 존재
다당류	전분	- 식물계의 중요한 저장 탄수화물 - 전분의 호화온도 : 60℃
	덱스트린	- 녹말을 가수분해시킬 때 중간단계에 생기는 생성물

• 전분의 호화

전분에 물을 넣고 가열하면 수분을 흡수하면서 팽윤되며 점성이 커지고 반투명한 상태가 되는 현상(덱스트린화, 젤라틴화라고도 함)

예) 김장 풀, 탕수육 소스 등

※ 탄수화물의 상대적 감미도 : 과당(175) 〉 전화당(130) 〉 설탕(100) 〉 포도당(75) 〉 맥아당, 갈락토오스(32) 〉 유당(16)

• 전분의 노화

빵의 노화는 빵 껍질의 노화, 빵의 풍미 저하, 내부 조직의 수분 보유상태를 변화시키는 것 → 이것을 노화라고 한다.

- 노화 방지법

① 설탕, 유지의 사용량을 증가시키면 빵의 노화를 억제할 수 있다.

② 노른자의 레시틴은 유화작용과 노화를 지연시킨다.

③ 모노-디글리세리드는 식품을 유화, 분산시키고 노화를 지연시킨다.

④ 냉장온도(-7~10℃)에서 보관하지 않는다.

■ 지방

이중결합의 수에 따라 포화지방산과 불포화지방산으로 나뉜다.

포화지방산	- 주로 동물성 지방에 많이 함유 - 상온에서 고체 상태로 존재, 이중결합 x - 버터, 마가린, 쇼트닝 등
불포화지방산	- 주로 식물성 지방에 많이 함유 - 상온에서 액체 상태로 존재, 이중결합 o - 식용유, 올리브유, 카놀라유 등

• 가수분해란?

물을 더하여 분해한다는 뜻

예) 우리 몸에서 알코올을 분해하는 과정도 가수분해

→ 그래서 술 먹은 다음 날 목이 많이 마름

• 항산화제란?

유지의 산화속도를 억제시키고 안정 효과를 주는 물질

※ 천연 항산화제 : 비타민 E(토코페롤), 레시틴 등

• 유지의 경화란?

불포화지방산에 수소를 첨가하여 유지가 단단해지는 것을 말함

※ 이중 결합 → 단일 결합, 불포화지방산 → 포화지방산

• 필수지방산이란?

신체의 정상적인 발육과 유지에 필수적이지만 체내에서 합성할 수 없거나 그 양이 부족하여 반드시 음식으로 섭취해야 하는 불포화지방산

ex) 리놀레산, 리놀렌산, 아라키돈산 등 - 특징 ① 세포막의 구조적 성분이다. ② 혈청 콜레스테롤을 감소시킨다. ③ 뇌와 신경조직, 시각기능이 유지된다. ④ 대두유에는 리놀레산과 리놀렌산이 많이 들어 있어 노인이 섭취하면 좋다. ⑤ 들기름에는 리놀렌산이 많이 들어 있어 두뇌 성장과 시각기능을 증진시킨다.

• 글리세린이란?

① 무색, 무취, 감미를 가진 시럽형태의 액체이다.

② 물보다 비중이 크므로 글리세린이 물에 가라앉는다.

③ 수분보유력이 커서 식품이나 화장품의 보습제로 이용된다.

④ 물과 기름에 대한 안정 기능이 있어 크림을 만들 때 물과 지방의 분리를 억제한다.

⑤ 지방을 가수분해하여 얻는다.

■ 단백질

단순 단백질	알부민	- 물과 묽은 염류에 녹음 - 열과 강한 알코올에 응고 - 흰자, 혈청, 우유, 식물조직 중에 존재
	글로불린	- 물에는 녹지 않으나 열과 강한 알코올에 응고 - 달걀, 혈청 등에 존재
	글루텔린	-곡식의 낟알에만 존재하고, 밀의 글루테닌이 대표적임 -중성 용매에는 녹지 않으나 묽은 산, 알칼리에는 녹음
	프롤라민	- 곡식의 낟알에 존재하며, 밀의 글리아딘이 대표적임 - 70~80%의 알코올에 용해
복합 단백질	핵단백질	- 세포의 활동을 지배하는 세포핵을 구성하는 단백질
	당단백질	- 복잡한 탄수화합물과 단백질이 결합한 화합물
	인단백질	- 단백질이 유기인과 결합한 화합물
	색소단백질	- 발색단을 가지고 있는 단백질 화합물
	금속단백질	- 철, 구리, 아연 등과 결합한 단백질
유도 단백질	-	- 녹말을 가수분해시킬 때 중간단계에서 생기는 생성물

■ 효소

• 탄수화물 분해효소

이당류 분해효소	인베르타아제	- 설탕=포도당+과당으로 분해 - 이스트에 존재
	말타아제	- 맥아당=포도당 2개로 분해 - 이스트, 장에 존재
	락타아제	- 유당=포도당+갈락토오스로 분해 - 췌액, 장에 존재

복합 단백질	아밀라아제	- 전분의 분해효소
	셀룰라아제	- 섬유소= 포도당으로 분해
	이눌라아제	- 이눌린=과당으로 분해
산화효소	찌마아제	- 단당류=에틸알코올과 이산화탄소로 분해
	퍼옥시다아제	- 이스트에 존재

• 지방 분해효소

리파아제	지방을 지방산과 글리세린으로 분해
스테압신	췌장에 존재하며 지방=지방산과 글리세린으로 분해

• 단백질 분해효소

프로테아제	단백질을 펩톤, 펩티드, 아미노산으로 분해
펩신	위액에 존재하는 단백질 분해효소
트립신	췌액에 존재하는 단백질 분해효소
레닌	위액에 존재하는 단백질 분해효소
펩티다아제	췌장에 존재하는 단백질 분해효소
에렙신	장액에 존재하는 단백질 분해효소

※ 제빵에 관계하는 효소

재료	효소	기질	분해산물
밀가루	α-아밀라아제	전분	맥아당, 덱스트린
	β-아밀라아제	덱스트린	맥아당
	프로테아제	단백질	펩톤, 펩티드, 폴리펩티드, 아미노산
이스트	인베르타아제	설탕(자당)	과당, 포도당
	말타아제	맥아당	포도당
	찌마아제	과당, 포도당	탄산가스, 에틸알코올
	리파아제	지방	지방산, 글리세린
	프로테아제	단백질	펩톤, 펩티드, 폴리펩티드, 아미노산

■ 밀가루

① 밀의 구조

- 배아 : 밀의 2~3%를 차지하고, 씨앗의 싹이 트는 부분이다. 지방이 함유되어 있어 밀가루의 질을 나쁘게 하므로 제분 시 분리한다.
- 내배유 : 밀의 83%를 차지하며 밀가루가 되는 부분이다. 단백질, 탄수화물, 철분, 섬유소 등을 함유한다.
- 껍질 : 밀의 14%를 차지하고, 일반적으로 제분 과정에서 제거한다.

* 강력분(경춘밀) - 봄에 파종하고 밀알은 적색을 띠고 단단하다.

* 박력분(연동밀) - 겨울에 파종하고 밀알은 흰색을 띠고 부드럽다.

※ 제분이란?

밀의 내배유로부터 껍질, 배아 부위를 분리하고 내배유 부위를 부드럽게 만들어 전분을 손상되지 않게 고운 가루로 만드는 것

※ 회분이란?

밀가루를 고온에서 태워 남은 재의 무게를 %로 매기는 수치

■ 기타 가루

① 호밀가루

- 밀은 전체 단백질의 90%이고, 호밀은 25%이다.
  → 탄력성 & 신장성이 나쁘기 때문에 밀가루와 혼합하여 사용한다.
- 펜토산 함량이 높아 반죽을 끈적거리게 하고, 글루텐의 탄력성을 약화시킨다.
  → 발효종이나 사워종을 사용하면 좋다.
- 제분율에 따라 백색, 중간색, 흑색 호밀가루로 분류되는데, 흑색 호밀가루에는 회분이 가장 많이 함유되어 있다.

② 활성 밀 글루텐

- 밀가루에서 단백질을 추출하여 만든 미세한 분말로 연한 황갈색이다.

③ 옥수수가루

- 옥수수 단백질인 제인은 불완전 단백질이지만, 트레오닌과 메티오닌이 많기 때문에

다른 곡류와 섞어 사용하면 좋다.

④ **감자가루**

– 감자를 갈아서 만든 가루로 주로 노화 지연제, 이스트의 영양제로 사용된다.

⑤ **땅콩가루**

– 땅콩을 갈아서 만든 가루로, 전체 단백질의 함량이 높고, 필수 아미노산의 함량이 높아 영양 강화식품으로 이용된다.

⑥ **면실분**

– 목화씨를 갈아 만든 가루로, 단백질이 높은 생물가를 가지고 있으며 비타민이 풍부하다.

⑦ **보릿가루**

– 밀가루보다 비타민과 무기질, 섬유질이 많아 잡곡 바게트 등의 건강빵을 만들 때 이용된다. 제분할 때 보리껍질을 다 벗기지 않아서 빵 맛은 거칠고 색은 어두운 편이다.

⑧ **대두분**

– 콩을 갈아 만든 가루로, 필수 아미노산인 리신이 많아 밀가루 영양의 보강제로 쓰인다.

⑨ **프리믹스**

– 밀가루, 분유, 설탕, 계란분말, 향료 등의 건조 재료에 팽창제 및 유지 재료를 균일하게 혼합한 가루

■ 초콜릿

※ 초콜릿의 구성 성분 : 카카오 매스 + 카카오 버터 + 유화제 + 향료

① 카카오 매스 : 볶은 카카오 콩을 곱게 간 반죽

② 카카오 버터 : 카카오 매스에서 분리한 지방. 초콜릿의 풍미를 결정하는 가장 중요한 원료

③ 밀크 초콜릿 : 다크 초콜릿+분유를 더한 것. 가장 부드러운 맛이 남

④ 화이트 초콜릿 : 카카오 버터+설탕+분유+레시틴+바닐라향을 넣은 것

⑤ 코팅용 초콜릿 : 번거로운 템퍼링 작업 없이도 언제 어디서나 사용할 수 있음

※ 초콜릿 템퍼링이란?

초콜릿을 사용하기 전 초콜릿 전체가 안정된 상태로 굳을 수 있게 하는 온도 조절 작업

※ 템퍼링한 효과

– 광택이 좋고 내부 조직이 조밀해진다.

– 입안에서 용해성이 좋아진다.

– 안정하고 미세한 결정이 많고 결정형이 일정해진다.

– 블룸이 나타나지 않는다.

※ 블룸이란?

온도 변화에 따라 초콜릿 표면에 일어나는 현상

* 지방 블룸(fat bloom) : 온도가 높은 곳에 보관했을 경우 지방이 분리되었다가 다시 굳으면서 얼룩이 생기는 현상

* 설탕 블룸(sugar bloom) : 습도가 높은 곳에 보관했을 경우 초콜릿 안 설탕이 공기 중의 수분을 흡수해 녹으면서 재결정되어 표면에 하얗게 피는 현상

■ 안정제

• 안정제란?

물과 기름, 기포 등의 불완전한 상태를 안정된 구조로 바꾸어주는 역할을 하는 재료

※ 빵과 과자에 안정제를 사용하는 목적

– 흡수제로 노화를 지연시킨다.

– 아이싱이 부서지는 것을 방지한다.

– 크림 토핑의 거품을 안정시킨다.

• 안정제의 종류

① 한천 : 해조류인 우뭇가사리에서 추출하며 젤리나 양갱을 만들 때 쓰임

② 젤라틴 : 동물의 껍질과 연골 속에 있는 콜라겐을 정제한 것. 무스나 바바루아의 안정제로 쓰임

③ 펙틴 : 과일의 껍질에서 추출하며 잼이나 젤리를 만들 때 쓰임

※ 식품위생의 정의 WHO(세계보건기구)는 식품 위생이란 "식품의 생육, 생산, 제조로부터 최종적으로 사람에게 섭취되기까지의 모든 단계에 있어서 식품의 안정성, 건전성, 완전 무결성을 확보하기 위해 필요한 모든 수단"이라고 했다.

※ 식품위생의 목적

① 식품으로 인한 위생상의 위해 사고를 방지한다.

② 식품 영양의 질적 향상을 도모한다.

③ 국민보건의 향상과 증진에 이바지한다.

부패	- 이스트를 사용하지 않고 밀가루나 호밀가루에 자생하는 효모균류, 유산균류와 물을 반죽하여 배양한 발효종을 이용하는 제빵법
변패	- 스트레이트법에서 변형된 방법 - 모든 재료를 넣고 물만 8% 정도 남겨두었다가, 발효 후 나머지 물을 넣고 반죽하는 방법
산패	- 발효하지 않고 산화제와 초고속 반죽기를 이용하여 반죽을 만드는 방법
발효	- 밤새 발효시킨 스펀지를 이용하는 방법

- 인체에 유익한 경우

예) 빵, 술, 간장, 된장 등

■ 미생물의 종류

세균류	- 세균성 식중독, 경구 감염병, 부패의 원인이 됨 - 구균(구상), 간균(타원형), 나선균(사슬 형태)으로 형태에 따라 분류
곰팡이	- 식품의 제조와 변질에 관여 - 누룩곰팡이 : 양주, 된장, 간장의 제조에 이용 - 푸른곰팡이 : 버터, 통조림, 야채 등의 변패 - 거미줄곰팡이 : 빵 곰팡이, 흑색 빵의 원인 - 솜털곰팡이 : 전분의 당화, 치즈의 숙성 등에 이용되나, 과실 등의 변패를 일으키기도 함
효모류	- 출아법으로 번식하며 비운동성, 통성 혐기성 미생물 - 주류의 양조, 알코올 제조, 제빵 등에 활용
바이러스	- 미생물 중에서 가장 작은 것으로 살아 있는 세포에서만 생존 - 인플루엔자, 일본뇌염, 광견병, 소아마비 등의 병원체
리케차	- 세균과 바이러스의 중간 형태 - 식품과 큰 관계가 없음

※ 미생물의 크기

곰팡이 〉 효모 〉 세균 〉 리케차 〉 바이러스

■ 감염병의 종류 및 분류

제1군 감염병 (발생 즉시 환자 격리)	- 마시는 물 또는 식품을 매개로 발생 - 집단 발생의 우려가 커서 발생 또는 유행 즉시 방역 대책을 수립해야 하는 감염병 - 장티푸스, 파라티푸스, 콜레라, 세균성 이질, A형 간염 등
제2군 감염병 (예방 접종 대상)	- 예방접종을 통하여 예방 및 관리가 가능하여 국가 예방접종 사업의 대상이 되는 감염병 - 수두, 파상풍, B형 간염 등
제3군 감염병 (예방, 홍보 중점)	- 간헐적으로 유행할 가능성이 있어 계속 그 발생을 감시하고 방역대책의 수립이 필요한 감염병 - 말라리아, 결핵, 발진티푸스, 쯔쯔가무시병
제4군 감염병 (방역대책 긴급 수립)	- 국내에서 새롭게 발생하였거나 발생할 우려가 있는 감염병 - 국내 유입이 우려되는 해외 유행 감염병으로 보건복지부령으로 정하는 감염병 - 신종인플루엔자
제5군 감염병	- 기생충에 감염되어 발생하는 감염병 - 정기적인 조사를 통한 감시가 필요하여 보건복지부령으로 정하는 감염병 - 회충증, 편충증, 요충증 등

■ 식중독의 종류

구분	경구 감염병 (소화기계 감염병)	세균성 식중독
필요한 균량	소량의 균이라도 숙주 체내에 증식하여 발생	대량의 생균, 증식 과정에서 생성된 독소에 의해 발생
감염	오염된 물질에 의한 2차 감염 진행	종말 감염, 원인식품에 의해서만 감염해 발생
잠복기	일반적으로 길	경구 감염병에 비해 짧음
면역	면역력이 생기는 것이 많음	면역성이 없음

※ 경구 감염병의 종류

- 장티푸스 : 파리가 매개체이며, 우리나라에서 가장 많이 발생하는 급성 감염병
- 파라티푸스 : 감염 매개체와 증상이 장티푸스와 비슷함
- 세균성 이질 : 비위생적 시설에 많이 발생하며, 기후와 밀접한 관계

- 콜레라 : 감염병 중 잠복기가 가장 짧음
- 디프테리아 : 비말 감염, 인후 또는 코 등의 상피조직에 염증 유발

■ 세균성 식중독

① 감염형 식중독 : 식품과 함께 식품 중에 증식한 세균을 먹고 발병하는 식중독

살모넬라균	- 육류, 육가공류, 어패류 등 거의 모든 식품에 의해 감염 - 쥐, 파리, 바퀴에 의해 발생 - 증상 : 24시간 이내 발병하며 급성 위장염
장염 비브리오균	- 여름철 어패류, 해조류에 의해 감염 - 증상 : 구토, 복통, 발열, 설사
병원성 대장균	- 환자나 보균자의 분변 등에 의해 감염 - 증상 : 구토, 복통, 설사, 식욕부진 - 대장균 O-157이 대표적

※ 병원성 대장균 O-157(장출혈성 대장균)

- 미국에서 햄버거에 의한 집단 식중독 사건이 있어 환자의 분변으로부터 원인균을 발견하였다.
- 저온과 산에 강하고, 열에 약하며 베로톡신이라는 독소를 생성한다.

② 독소형 식중독 : 원인균의 증식 과정에서 생성된 독소를 먹어서 발병하는 식중독

포도상구균	- 우유 및 유제품, 김밥, 도시락 등이 주원인 식품 - 황색포도상구균에 의해 발생 - 독소 : 엔테로톡신 - 증상 : 구토, 복통, 설사
보툴리누스균	- 통조림, 병조림, 소시지 등의 원재료에서 증식 - 치사율 가장 높음 - 독소 : 뉴로톡신 - 증상 : 구토 및 설사, 호흡곤란, 신경 마비
웰치균	- 사람의 분변이나 토양에 분포 - 독소 : 엔테로톡신 - 증상 : 심한 설사, 복통

■ 자연성 식중독

① 식물성 식중독

식품	독성분	식품	독성분
감자	솔라닌	독버섯	무스카린
면실유	고시폴	독미나리	시큐톡신
청매, 은행, 살구	아미그달린	땅콩	플라톡신
미치광이풀	히오시아닌	수수	두린

② 동물성 식중독

식품	독성분
복어	테트로도톡신
모시조개, 굴, 바지락	베네루핀
섭조개, 대합	삭시톡신

제과기능사

위생상태 및 안전관리

<table>
<tr><th>순번</th><th>구분</th><th>세부기준</th><th>채점기준</th></tr>
<tr><td>1</td><td>위생복 상의</td><td>• 전체 흰색, 팔꿈치가 덮이는 길이 이상의 7부·9부·긴소매
- 수험자 필요에 따라 흰색 팔토시 착용 가능
• 상의 여밈 단추 등은 위생복에 부착된 것이어야 함
- 벨크로(찍찍이), 단추 등의 크기, 색상, 모양, 재질은 제한하지 않음
• (금지) 기관 및 성명 등의 표시·마크·무늬 등 일체 표식, 금속성 부착물·배지·핀 등 식품 이물 부착, 팔꿈치 길이보다 짧은 소매, 부직포·비닐 등 화재에 취약한 재질</td><td rowspan="4">• (실격) 미착용이거나 평상복인 경우
- 흰 티셔츠·와이셔츠, 패션모자(흰 털모자, 비니, 야구모자 등)는 실격
- 위생복 상·하의, 위생모, 마스크 중 1개라도 미착용 시 실격
• (위생 0점) 금지 사항 및 기준 부적합
- 위생복장 색상 미준수, 일부 무늬가 있거나 유색·표식이 가려지지 않는 경우, 기관 및 성명 등 표식
- 식품 가공용이 아닌 복장 등(화재에 취약한 재질 및 실험복 형태의 영양사· 실험용 가운은 위생 0점)
- 반바지·치마, 폭넓은 바지 등
- 위생모가 뚫려 있어 머리카락이 보이거나, 수건 등으로 감싸 바느질 마감처리가 되어 있지 않고 풀어지기 쉬워 작업용으로 부적합한 경우 등</td></tr>
<tr><td>2</td><td>위생복 하의 (앞치마)</td><td>• 「(색상 무관) 평상복 긴바지 + 흰색 앞치마」 또는 「흰색 긴바지 위생복」
- 평상복 긴바지 착용 시 긴바지의 색상·재질은 제한이 없으나, 안전사고 예방을 위해 맨살이 드러나지 않는 길이의 긴바지여야 함
- 흰색 앞치마 착용 시 앞치마 길이는 무릎 아래까지 덮이는 길이일 것, 상하일체형(목끈형) 가능
• (금지) 기관 및 성명 등의 표시·마크·무늬 등 일체 표식, 금속성 부착물·배지·핀 등 식품 이물 부착, 반바지·치마·폭 넓은 바지 등 안전과 작업에 방해가 되는 복장, 부직포·비닐 등 화재에 취약한 재질</td></tr>
<tr><td>3</td><td>위생모</td><td>• 전체 흰색, 빈틈이 없고 일반 식품 가공 시 사용되는 위생모
- 크기, 길이, 재질(면, 부직포 등 가능) 제한 없음
• (금지) 기관 및 성명 등의 표시·마크·무늬 등 일체 표식, 금속성 부착물·배지 등 식품 이물 부착(단, 위생모 고정용 머리핀은 사용 가능), 바느질 마감처리가 되어 있지 않은 흰색 머릿수건(손수건)은 머리카락 및 이물에 의한 오염 방지를 위해 착용 금지</td></tr>
<tr><td>4</td><td>마스크</td><td>• 침액 오염 방지용으로, 종류 등은 제한하지 않음(색상, 크기, 재질 무관), '투명 위생 플라스틱 입가리개' 허용</td></tr>
</table>

순번	구분	세부기준	채점기준
5	위생화 (작업화)	• 위생화, 작업화, 조리화, 운동화 등(색상 무관) – 단, 발가락, 발등, 발뒤꿈치가 모두 덮일 것 • (금지) 기관 및 성명 등의 표시, 미끄러짐 및 화상의 위험이 있는 슬리퍼류, 작업에 방해가 되는 굽이 높은 구두, 속 굽 있는 운동화	• (위생 0점) 금지 사항 및 기준 부적합
6	장신구	• (금지) 장신구(단, 위생모 고정용 머리핀은 사용 가능) – 손목시계, 반지, 귀걸이, 목걸이, 팔찌 등 이물, 교차오염 등의 위험이 있는 장신구 일체 금지	
7	두발	• 단정하고 청결할 것, 머리카락이 길 경우 흘러내리지 않도록 머리망을 착용하거나 묶을 것	
8	손/손톱	• 손에 상처가 없어야 하나, 상처가 있을 경우 식품용 장갑 등을 사용하여 상처가 노출되지 않도록 할 것 (시험위원 확인하에 추가 조치 가능), 손톱은 길지 않고 청결해야 함 • (금지) 매니큐어, 인조손톱 등	
9	위생관리	• 작업과정은 위생적이어야 하며, 도구는 식품 가공용으로 적합해야 함 • 장갑 착용 시 용도에 맞도록 구분하여 사용할 것 (예시) 설거지용과 작품 제조용은 구분하여 사용해야 함 • 위생복 상의, 앞치마, 위생모의 개인 이름·소속 등의 표식 제거는 테이프를 부착하여 가릴 수 있음 • 식품과 직접 닿는 조리도구 부분에 이물질(예: 테이프)을 부착하지 않을 것 • 눈금 표시된 조리기구 사용 허용(단, 눈금표시를 하나씩 재어가며 재료를 써는 등 감독위원이 작업이 미숙하다고 판단할 경우 작업 전반 숙련도 부분 감점될 수 있음에 유의)	
10	안전사고 발생 처리	• 칼 사용(손 빔) 등으로 안전사고 발생 시 응급조치를 하여야 하며, 응급조치에도 지혈이 되지 않을 경우 시험 진행 불가	

※ 위 기준 외 일반적인 개인위생, 식품위생, 작업장 위생, 안전관리를 준수하지 않을 경우 감점 처리될 수 있습니다.

※ 시험장 내 모든 개인물품에는 기관 및 성명 등의 표시가 없어야 합니다.

초코 머핀(초코컵 케이크)

시험시간	1시간 50분	제조방법	크림법

배합표

비율(%)	재료명	무게(g)
100	박력분	500
60	설탕	300
60	버터	300
60	달걀	300
1	소금	5(4)
0.4	베이킹소다	2
1.6	베이킹파우더	8
12	코코아파우더	60
35	물	175(174)
6	탈지분유	30
36	초코칩	180
372	계	1,860(1,858)

<table>
<tr><td>요구
사항</td><td colspan="3">※ 초코 머핀(초코컵 케이크)을 제조하여 제출하시오.
❶ 배합표의 각 재료를 계량하여 재료별로 진열하시오.(11분)
• 재료계량(재료당 1분)→[감독위원 계량 확인]→작품제조 및 정리정돈(전체 시험시간-재료계량시간)
• 재료계량시간 내에 계량을 완료하지 못하여 시간이 초과한 경우 및 계량을 잘못한 경우는 추가의 시간부여 없이 작품제조 및 정리정돈 시간을 활용하여 요구사항의 무게대로 계량
• 달걀의 계량은 감독위원이 지정하는 개수로 계량
❷ 반죽은 크림법으로 제조하시오.
❸ 반죽온도는 24℃를 표준으로 하시오.
❹ 초코칩은 제품의 내부에 골고루 분포되게 하시오.
❺ 반죽분할은 주어진 팬에 알맞은 양으로 팬닝하시오.
❻ 반죽은 전량을 사용하여 성형하시오.
※ 감독위원은 시험 전 주어진 팬을 감안하여 팬의 개수를 지정하여 공지한다.</td></tr>
<tr><td>공정
준비</td><td>▶ 재료계량하기
▶ 오븐예열 및 도구 준비
▶ 가루 체치기
(박력분, 코코아파우더, 분유, 베이킹파우더, 베이킹소다)</td><td>요구
point</td><td>▶ 재료계량 : 11분
▶ 크림법 제조
▶ 반죽온도 : 24℃ ± 1
▶ 주어진 팬의 개수만큼 제조
▶ 반죽 전량 사용 성형</td></tr>
<tr><td>준비물
(도구)</td><td colspan="3">고무주걱, 나무주걱, 가루체, 비닐, 머핀컵 20개, 유산지컵 20장, 온도계, 짤주머니, 카드스크래퍼, 높은 평철판 1장</td></tr>
</table>

제조 공정

01 재료를 기준 시간 내에 정확하게 계량한다.

02 버터를 부드럽게 풀고 설탕, 소금을 넣고 크림화한다.

03 달걀을 3~4회 나누어 넣으며 부드러운 크림상태로 만든다.

04 스텐볼에 반죽을 덜어 체친 가루를 섞는다.(박력분, 코코아파우더, 탈지분유, 베이킹파우더, 베이킹소다)

05 물과 초코칩 1/2을 섞는다.

06 반죽온도 체크 : 24℃ ±1 (23~25℃)

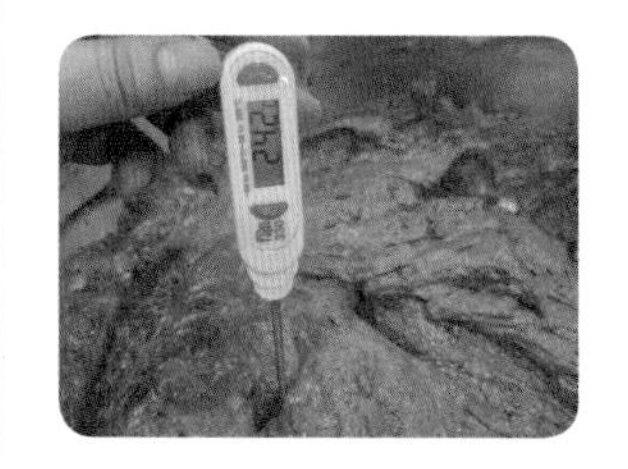

07 반죽을 짤주머니에 담는다.

08 머핀틀에 유산지컵을 깔고 틀 높이의 약 70% 팬닝(주어진 틀의 개수에 맞게)

09 남겨둔 초코칩을 윗면에 골고루 뿌린다.

※ 가운데 부분을 이쑤시개로 깊게 찔러 익었는지 확인한다.

10 윗불 180℃/아랫불 160℃ 약 25~30분 굽는다.

최종 제품평가

껍질 : 윗면은 먹음직스러운 초콜릿색이 나야 하며, 자연스러운 갈라짐이 있어야 한다.
초코칩이 윗면에 고르게 분포되어야 하고 옆면과 바닥의 색이 균일하게 표현되어야 한다.
껍질이 두껍고 갈라짐이 없이 평평하면 감점된다.

부피 : 컵의 크기에 맞게 부피감이 있어야 하며 너무 낮거나 흘러넘치면 감점이다.

균형 : 머핀의 크기가 일정하고 윗면이 봉긋해야 한다. 찌그러지면 감점된다.

내상 : 내부에 초코칩이 골고루 분포되어야 하고 큰 기공 없이 조직이 균일해야 한다.

맛향 : 탄 냄새가 나지 않고 부드러운 식감과 초코 머핀의 풍미가 있어야 한다.

※ 윗면에 초코칩을 많이 뿌리면 지저분하다.(주의)
지정된 개수를 반드시 제출하도록 한다.
크기를 일정하게 한다.
이쑤시개 사용 시 반죽이 묻어나면 덜 익은 상태이다.
수작업도 가능하다.

버터 스펀지 케이크(별립법)

시험시간	1시간 50분	제조방법	별립법

	비율(%)	재료명	무게(g)
배합표	100	박력분	600
	60	설탕(A)	360
	60	설탕(B)	360
	150	달걀	900
	1.5	소금	9(8)
	1	베이킹파우더	6
	0.5	바닐라향	3(2)
	25	용해버터	150
	398	계	2,388(2,386)

<table>
<tr><td>요구 사항</td><td colspan="3">

※ 버터 스펀지 케이크(별립법)를 제조하여 제출하시오.

❶ 배합표의 각 재료를 계량하여 재료별로 진열하시오.(8분)

- 재료계량(재료당 1분)→[감독위원 계량 확인]→작품제조 및 정리정돈(전체 시험시간-재료계량시간)
- 재료계량시간 내에 계량을 완료하지 못하여 시간이 초과한 경우 및 계량을 잘못한 경우는 추가의 시간부여 없이 작품제조 및 정리정돈 시간을 활용하여 요구사항의 무게대로 계량
- 달걀의 계량은 감독위원이 지정하는 개수로 계량

❷ 반죽은 별립법으로 제조하시오.
❸ 반죽온도는 23℃를 표준으로 하시오.
❹ 반죽의 비중을 측정하시오.
❺ 제시한 팬에 알맞도록 분할하시오.
❻ 반죽은 전량을 사용하여 성형하시오.
</td></tr>
<tr><td>공정 준비</td><td>▶ 재료계량하기
▶ 오븐예열 및 도구 준비
▶ 가루 체치기
(박력분, 베이킹파우더, 바닐라향)
▶ 노른자/흰자 분리
▶ 중탕물 준비</td><td>요구 point</td><td>▶ 재료계량 : 8분
▶ 별립법 제조
▶ 반죽온도 : 23℃ ± 1
▶ 비중 : 0.45 ± 0.05 (0.4~0.5)
▶ 3호 원형팬 4개 제조
▶ 반죽 전량 사용</td></tr>
<tr><td>준비물 (도구)</td><td colspan="3">고무주걱, 나무주걱, 가루체, 비닐, 손거품기, 유산지 2장, 3호틀 4개, 커터칼, 가위, 비중컵, 버너, 중탕물, 온도계, 저울</td></tr>
</table>

01 재료를 기준 시간 내에 정확하게 계량하여 노른자와 흰자를 분리한다.

02 노른자를 풀어준 후 설탕A, 소금을 넣고 설탕이 녹을 수 있도록 섞는다.

03 설탕을 녹이고 아이보리색까지 휘핑

※ 설탕이 녹을 수 있도록 짧게 중탕해도 좋다. (뜨거우면 머랭에 영향을 미친다)

04 믹싱하는 동안 유지 중탕(약 37~43℃)

05 흰자거품 60% 형성 후 설탕B를 2~3회 나누어 넣고 중간피크(90%)상태 머랭 제조

06 노른자 반죽에 머랭 2/3를 가볍게 혼합한다.

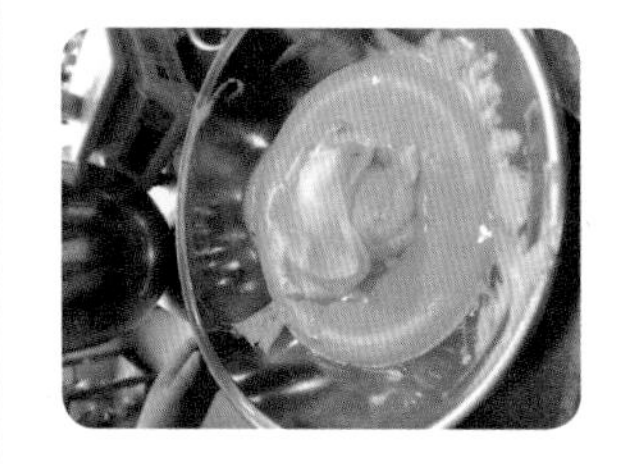

※ 중간피크(90%)상태는 윤기가 흐르고 주걱으로 찍어 올려봤을 때 독수리부리 모양

07 체친 가루를 가볍게 혼합한다.(박력분, 베이킹파우더, 바닐라향)

08 반죽의 일부를 덜어 용해버터와 혼합 후 반죽 전량에 다시 가볍게 혼합한다.

09 용해버터가 섞인 반죽에 나머지 머랭 1/3을 넣고 가볍게 섞는다

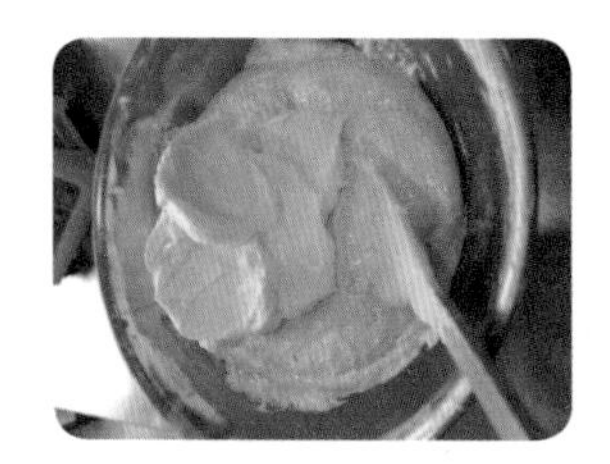

10 반죽온도 체크 : 23℃ ±1 (22~24℃)

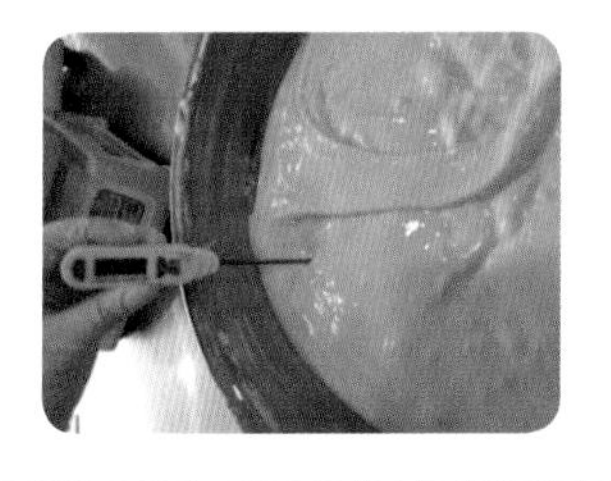

11 비중체크 : 비중 0.45 ± 0.05(0.4~0.5)

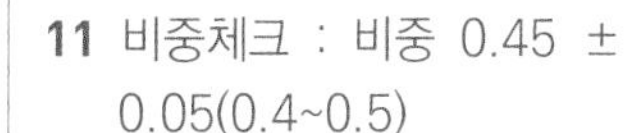

12 짤주머니를 사용하여 3호 원형팬에 500g씩 팬닝하고 남은 반죽은 추가로 나눈다.(팬 높이 약 70%)

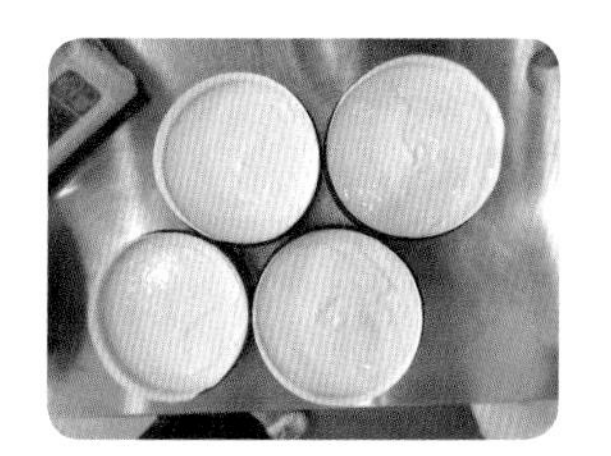

13 오븐 온도 윗불 180℃/아랫불 160℃에 약 25~30분 굽는다.

14 완성품

최종 제품평가

껍질 : 윗면은 황금갈색으로 굽고 옆면과 밑면의 색이 균일하게 나야 한다.
흰색 반점 또는 기포 자국이 남거나 윗면이 터지고 껍질이 두꺼우면 감점된다.

부피 : 부피가 약 9cm 볼륨이 있어야 하며 부피감이 작거나 너무 크면 감점이다.

균형 : 윗면이 갈라지지 않아야 하며 좌우 균형을 이루어야 하고 찌그러지거나 주름이 잡히면 감점된다.

내상 : 큰 기공이 없고 섞이지 않은 머랭 또는 가루가 없어야 하며 내부 조직이 조밀하지 않고 균일해야 한다.
내상에 유지층이 생기면 감점된다.

맛향 : 식감이 부드러워야 하며 버터 스펀지 특유의 맛과 향이 조화를 이루어야 한다.

※ 반죽 믹싱 전 중탕해서 설탕입자를 녹인다.
유지 중탕 후 반죽을 섞기 전 소량의 반죽과 먼저 섞고 나머지를 섞는다.
나머지 머랭을 가볍게 풀어준 후 반죽과 섞는다.
완성된 반죽에 기포가 많이 생기지 않도록 조심히 신속하게 섞는다.
유지 중탕 시 스텐볼을 사용한다. (플라스틱 용기 금지)
수분이 덜 빠지면 윗면에 손자국이 남는다.

젤리 롤 케이크

시험시간	1시간 30분	제조방법	공립법

	비율(%)	재료명	무게(g)
배합표	100	박력분	400
	130	설탕	520
	170	달걀	680
	2	소금	8
	8	물엿	32
	0.5	베이킹파우더	2
	20	우유	80
	1	바닐라향	4
	431.5	계	1,726
	※ 충전용 재료는 계량시간에서 제외		
	비율(%)	재료명	무게(g)
	50	잼	200

<table>
<tr><td>요구
사항</td><td colspan="3">**※ 젤리 롤 케이크를 제조하여 제출하시오.**
❶ 배합표의 각 재료를 계량하여 재료별로 진열하시오.(8분)
• 재료계량(재료당 1분)→[감독위원 계량 확인]→작품제조 및 정리정돈(전체 시험시간-재료계량시간)
• 재료계량시간 내에 계량을 완료하지 못하여 시간이 초과한 경우 및 계량을 잘못한 경우는 추가의 시간부여 없이 작품제조 및 정리정돈 시간을 활용하여 요구사항의 무게대로 계량
• 달걀의 계량은 감독위원이 지정하는 개수로 계량
❷ 반죽은 공립법으로 제조하시오.
❸ 반죽온도는 23℃를 표준으로 하시오.
❹ 반죽의 비중을 측정하시오.
❺ 제시한 팬에 알맞도록 분할하시오.
❻ 반죽은 전량을 사용하여 성형하시오.
❼ 캐러멜 색소를 이용하여 무늬를 완성하시오.
(무늬를 완성하지 않으면 제품 껍질 평가 0점 처리)</td></tr>
<tr><td>공정
준비</td><td>▶ 재료계량하기
▶ 오븐예열 및 도구 준비
▶ 중탕물 준비
▶ 가루 체치기
(박력분, 바닐라향, 베이킹파우더)</td><td>요구
point</td><td>▶ 재료계량 : 8분
▶ 공립법 제조
▶ 반죽온도 : 23℃ ± 1
▶ 비중 : 0.45 ± 0.05 (0.4~0.5)
▶ 높은 평철판 1개 제조
▶ 캐러멜 색소 사용 무늬내기</td></tr>
<tr><td>준비물
(도구)</td><td colspan="3">고무주걱, 나무주걱, 손거품기, 가루체, 비닐, 유산지 1장, 가위, 높은 평철판, 비중컵, 저울, 온도계, 광목천, 비닐짤주머니, L자 스패출라, 버너, 중탕물</td></tr>
</table>

01 재료를 기준 시간 내에 정확하게 계량하여 노른자와 흰자를 분리한다.

02 계란을 풀어준 후 설탕A, 소금, 물엿을 넣고 섞는다.

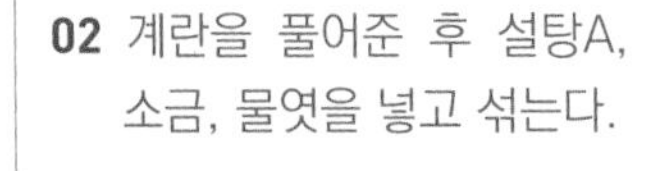

03 중탕온도는 37~43℃

04 중탕 완료 후 휘핑한다.

05 체친 가루를 가볍게 혼합한다.(박력분, 바닐라향, 베이킹파우더)

06 우유를 넣고 혼합한다.

※ 고속으로 휘핑 후 완료점에서 저속으로 살짝 돌려 불규칙한 기포를 안정화한다.
반죽을 찍어서 들었을 때 2~3방울만 떨어지면 완성

07 반죽온도 체크 : 23℃ ±1 (22~24℃)

08 비중체크 : 비중 0.45 ± 0.05 (0.4~0.5)

09 평철판에 종이를 깔고 반죽을 팬닝하여 윗면을 고르게 편다.

10 덜어놓은 반죽에 캐러멜 색소를 섞어 갈색반죽을 만든다. 	**11** 갈색 반죽을 일정한 간격으로 무늬를 그린 후 도구를 이용하여 무늬 완성 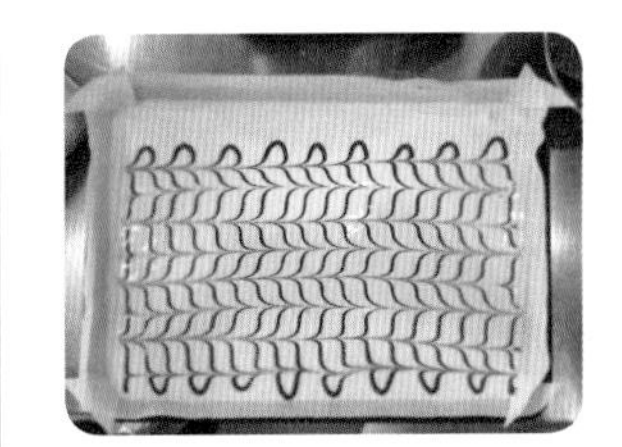	**12** 오븐 온도 윗불 180℃/아랫불 160℃에 약 20~25분 굽는다. 

※ 일부 반죽 100g에 캐러멜 색소 4~6g 정도를 혼합하여 짤주머니에 넣어 사용

13 타공팬 위에서 잠시 식힌다. 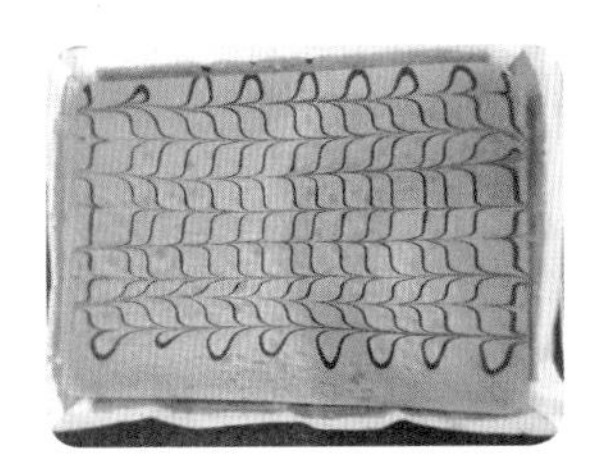	**14** 식힌 후 젖은 천에 시트를 뒤집고 잼을 골고루 바른 후 균형 있게 말아준다. 	**15** 젖은 천을 이용하여 말아놓은 제품을 약 1~2분 고정한다. 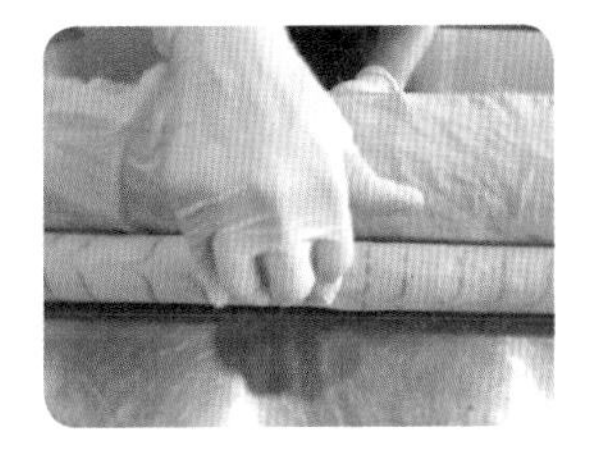
16 천에서 풀어준다. 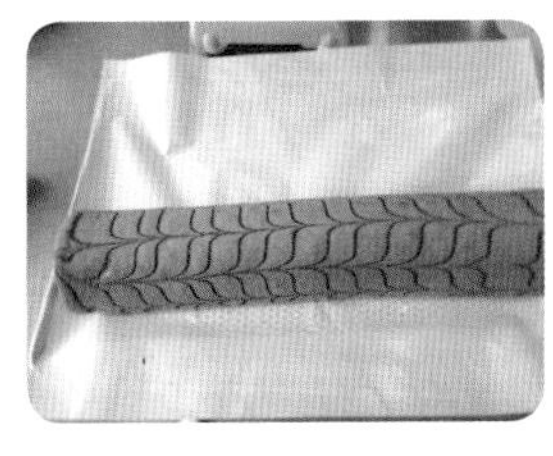		

최종 제품평가

껍질 : 윗면은 황금갈색으로 굽고 무늬의 색이 균일하게 표현되어야 한다.

부피 : 지름이 약 12cm 정도로 볼륨이 있어야 하며 부피감이 작거나 너무 크면 감점이다.

균형 : 윗면이 갈라지지 않아야 하며 좌우 균형을 이루어야 하고 찌그러지거나 주름이 잡히면 감점된다.

내상 : 큰 기공이 없고 섞이지 않은 가루가 없어야 하며 내부 조직이 조밀하지 않고 균일해야 한다.

맛향 : 잼이 골고루 발라져 맛이 달지 않아야 하고 식감이 부드러워야 하며 롤 케이크의 풍미와 향이 나야 한다.

※ 오븐에서 나온 뒤 바로 뒤집어놓으면 껍질이 달라붙을 수 있으므로 주의한다.
롤을 원통형으로 말 때 앞부분을 잘 접어 누르며 말기 시작하여 중간부터는 힘을 빼고 말아주고 끝부분을 누르며 고정시킨다.

소프트 롤 케이크

시험시간	1시간 50분	제조방법	별립법

	비율(%)	재료명	무게(g)
배합표	100	박력분	250
	70	설탕(A)	175(176)
	10	물엿	25(26)
	1	소금	2.5(2)
	20	물	50
	1	바닐라향	2.5(2)
	60	설탕(B)	150
	280	달걀	700
	1	베이킹파우더	2.5(2)
	50	식용유	125(126)
	593	계	1,482.5(1,484)
	※ 충전용 재료는 계량시간에서 제외		
	비율(%)	재료명	무게(g)
	80	잼	200

<table>
<tr><td>요구
사항</td><td colspan="3">※ 소프트 롤 케이크를 제조하여 제출하시오.
❶ 배합표의 각 재료를 계량하여 재료별로 진열하시오.(10분)
• 재료계량(재료당 1분)→[감독위원 계량 확인]→작품제조 및 정리정돈(전체 시험시간-재료계량시간)
• 재료계량시간 내에 계량을 완료하지 못하여 시간이 초과한 경우 및 계량을 잘못한 경우는 추가의 시간부여 없이 작품제조 및 정리정돈 시간을 활용하여 요구사항의 무게대로 계량
• 달걀의 계량은 감독위원이 지정하는 개수로 계량
❷ 반죽은 별립법으로 제조하시오.
❸ 반죽온도는 22℃를 표준으로 하시오.
❹ 반죽의 비중을 측정하시오.
❺ 제시한 팬에 알맞도록 분할하시오.
❻ 반죽은 전량을 사용하여 성형하시오.
❼ 캐러멜 색소를 이용하여 무늬를 완성하시오.(무늬를 완성하지 않으면 제품 껍질 평가 0점 처리)</td></tr>
<tr><td>공정
준비</td><td>▶ 재료계량하기
▶ 오븐예열 및 도구 준비
▶ 가루 체치기
(박력분, 바닐라향, 베이킹파우더)
▶ 노른자/흰자 분리</td><td>요구
point</td><td>▶ 재료계량 : 10분
▶ 별립법 제조
▶ 반죽온도 : 22℃ ± 1
▶ 비중 : 0.45 ± 0.05 (0.4~0.5)
▶ 높은 평철판 1개 제조
▶ 캐러멜 색소 사용 무늬내기</td></tr>
<tr><td>준비물
(도구)</td><td colspan="3">고무주걱, 나무주걱, 손거품기, 가루체, 비닐, 유산지 1장, 가위, 높은 평철판, 비중컵, 저울, 온도계, 광목천, 비닐짤주머니, L자 스패출라</td></tr>
</table>

01 재료를 기준 시간 내에 정확하게 계량하여 노른자와 흰자를 분리한다.

02 노른자를 풀어준 후 설탕A, 소금, 물엿을 넣고 설탕이 녹을 수 있도록 섞는다.

03 설탕이 80~90% 정도 녹고 아이보리색이 나면 물을 섞는다.

※ 흰자에 노른자나 유지 성분이 들어가지 않게 주의하여 분리한다.

04 흰자거품 60% 형성 후 설탕B를 2~3회 나누어 넣고 중간피크(90%)상태에서 머랭 제조

05 노른자 반죽에 머랭 2/3를 가볍게 혼합한다.

06 체친 가루를 가볍게 혼합한다.
(박력분, 베이킹파우더, 바닐라향)

※ 물을 넣고 혼합할 때 나머지 설탕까지 모두 녹여준다.

※ 중간피크(90%)상태는 윤기가 흐르고 주걱으로 찍어 올려봤을 때 독수리부리 모양

07 반죽의 일부를 덜어 식용유와 혼합 후 반죽 전량에 다시 가볍게 혼합한다.

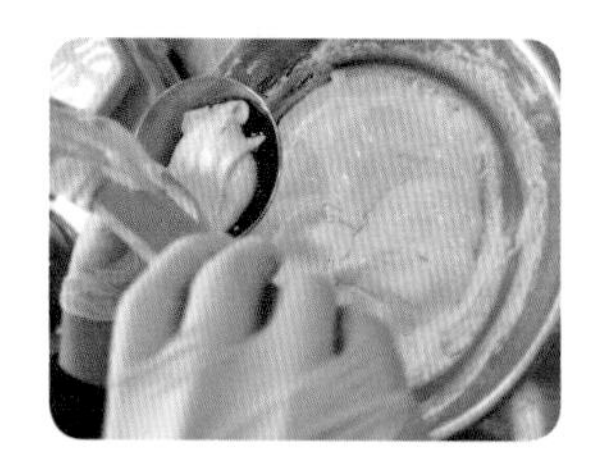

08 식용유가 섞인 반죽에 나머지 머랭 1/3을 넣고 섞는다.

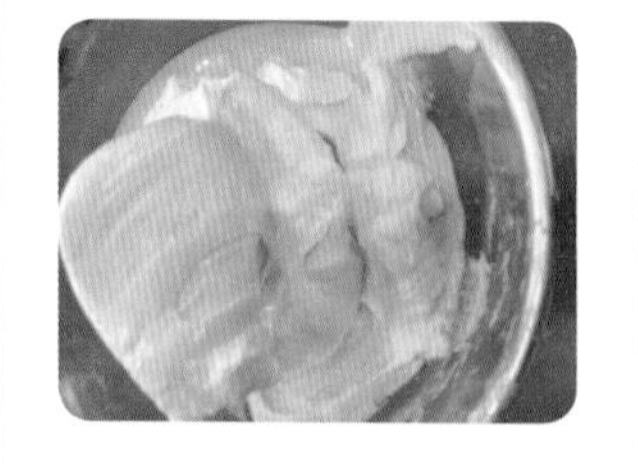

09 반죽온도 체크 : 22℃ ±1 (21~23℃) 비중체크 : 비중 0.45 ± 0.05 (0.4~0.5)

10 평철판에 종이를 깔고 반죽을 팬닝하여 윗면을 고르게 편다.

11 덜어놓은 반죽에 캐러멜 색소를 섞어 갈색 반죽을 만든다.

12 갈색 반죽을 일정한 간격으로 무늬를 그린 후 도구를 이용하여 무늬 완성

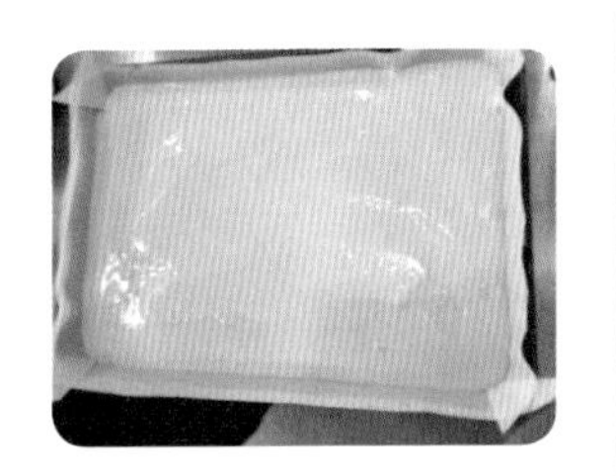

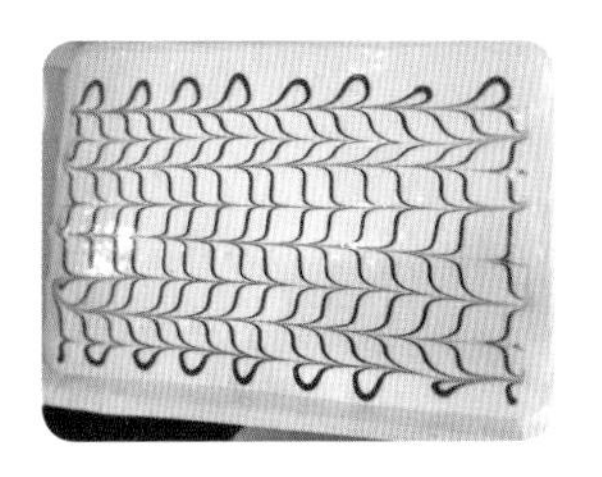

※ 일부 반죽 100g에 캐러멜 색소 4~6g 정도를 혼합하여 짤주머니에 넣어 사용

13 오븐 온도 윗불 180℃/아랫불 160℃에 20~25분 굽는다.

14 타공팬 위에서 잠시 식힌다.

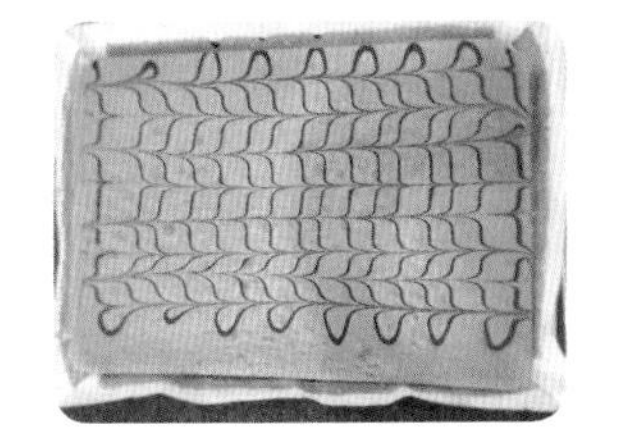

15 식힌 후 젖은 천에 시트를 뒤집고 잼을 골고루 바른 후 균형 있게 말아준다.

16 젖은 천을 이용하여 말아놓은 제품을 약 1~2분 고정 후에 풀어준다.

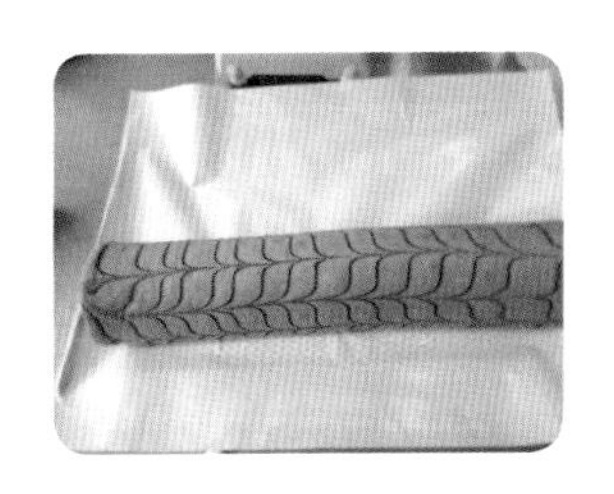

최종 제품평가

껍질 : 윗면은 황금갈색으로 굽고 무늬의 색이 균일하게 표현되어야 한다.

부피 : 지름이 약 12cm 정도로 볼륨이 있어야 하며 부피감이 작거나 너무 크면 감점된다.

균형 : 윗면이 갈라지지 않아야 하며 좌우 균형을 이루어야 하고 찌그러지거나 주름이 잡히면 감점된다.

내상 : 큰 기공이 없고 섞이지 않은 머랭 또는 가루가 없어야 하며 내부 조직이 조밀하지 않고 균일해야 한다. 내상에 유지층이 생기면 감점된다.

맛향 : 잼이 골고루 발라져 맛이 일정해야 하고 식감이 부드러워야 하며 롤 케이크의 풍미와 향이 나야 한다.

※ 오븐에서 나온 뒤 바로 뒤집어놓으면 껍질이 달라붙을 수 있으므로 주의한다.
롤을 원통형으로 말 때 앞부분을 잘 접어 누르며 말기 시작하여 중간부터는 힘을 빼고 말아주고 끝부분을 누르며 고정시킨다.

버터 스펀지 케이크(공립법)

시험시간	1시간 50분	제조방법	공립법

배합표	비율(%)	재료명	무게(g)
	100	박력분	500
	120	설탕	600
	180	달걀	900
	1	소금	5(4)
	0.5	바닐라향	2.5(2)
	20	버터	100
	421.5	계	2,107.5(2,106)

<table>
<tr><td rowspan="1">요구
사항</td><td colspan="3">※ 버터 스펀지 케이크(공립법)를 제조하여 제출하시오.
❶ 배합표의 각 재료를 계량하여 재료별로 진열하시오.(6분)
• 재료계량(재료당 1분)→[감독위원 계량 확인]→작품제조 및 정리정돈(전체 시험시간-재료계량시간)
• 재료계량시간 내에 계량을 완료하지 못하여 시간이 초과한 경우 및 계량을 잘못한 경우는 추가의 시간부여 없이 작품제조 및 정리정돈 시간을 활용하여 요구사항의 무게대로 계량
• 달걀의 계량은 감독위원이 지정하는 개수로 계량
❷ 반죽은 공립법으로 제조하시오.
❸ 반죽온도는 25℃를 표준으로 하시오.
❹ 반죽의 비중을 측정하시오.
❺ 제시한 팬에 알맞도록 분할하시오.
❻ 반죽은 전량을 사용하여 성형하시오.</td></tr>
<tr><td>공정
준비</td><td>▶ 재료계량하기
▶ 오븐예열 및 도구 준비
▶ 중탕물 준비
▶ 가루 체치기(박력분, 바닐라향)
▶ 버터 중탕</td><td>요구
point</td><td>▶ 재료계량 : 6분
▶ 공립법 제조
▶ 반죽온도 : 25℃ ± 1
▶ 비중 : 0.45 ± 0.05 (0.4~0.5)
▶ 3호 원형틀 4개 제조
▶ 반죽 전량 사용</td></tr>
<tr><td>준비물
(도구)</td><td colspan="3">고무주걱, 나무주걱, 가루체, 비닐, 손거품기, 유산지 2장, 3호틀 4개, 커터칼, 가위, 비중컵, 버너, 중탕물, 온도계, 저울</td></tr>
</table>

제조 공정

01 재료를 기준 시간 내에 정확하게 계량

02 계란을 풀어준 후 설탕, 소금 넣고 섞는다.

03 중탕온도는 37~43℃

04 중탕완료 후 휘핑한다.

05 믹싱하는 동안 유지를 중탕한다.(약 37~43℃)

06 믹싱이 끝난 반죽에 체친 가루를 가볍게 혼합한다. (박력분, 바닐라향)

※ 고속으로 휘핑 후 완료점에서 저속으로 살짝 돌려 불규칙한 기포를 안정화한다.
반죽을 찍어서 들었을 때 2~3방울만 떨어지면 완성

07 중탕한 유지를 반죽 일부와 섞는다.

08 나머지 반죽과 가볍게 섞는다.

09 반죽온도 체크 : 25℃ ±1 (24~26℃)

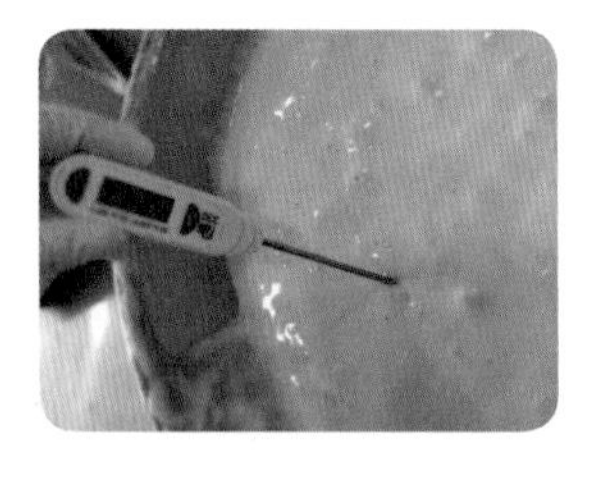

※ 유지를 안정되게 섞는 방법(유지온도 37~43℃)

10 비중체크 : 비중 0.45 ± 0.05 (0.4~0.5)	**11** 짤주머니를 사용하여 3호 원형틀에 480g씩 팬닝하고 남은 반죽은 추가로 나눈다.(팬 높이 약 60%)	**12** 오븐 온도 윗불 180℃/아랫불 160℃에 약 25~30분 굽는다.

최종 제품평가

껍질 : 윗면은 황금갈색으로 굽고 옆면과 밑면의 색이 균일하게 나야 한다.
흰색 반점 또는 기포 자국이 남거나 윗면이 터지고 껍질이 두꺼우면 감점된다.

부피 : 부피가 8cm 이상으로 볼륨이 있어야 하며 부피감이 작거나 너무 크면 감점이다.

균형 : 윗면이 갈라지지 않아야 하며 좌우 균형을 이루어야 하고 찌그러지거나 주름이 잡히면 감점된다.

내상 : 큰 기공이 없고 섞이지 않은 가루가 없어야 하며 내부 조직이 조밀하지 않고 균일해야 한다.
내상에 유지층이 생기면 감점된다.

맛향 : 식감이 부드러워야 하며 버터 스펀지 특유의 맛과 향이 조화를 이루어야 한다.

※ 반죽 믹싱 전 중탕해서 설탕입자를 녹인다.
유지 중탕 후 반죽을 섞기 전 소량의 반죽과 먼저 섞고 나머지를 섞는다.
완성된 반죽에 기포가 많이 생기지 않도록 조심히 신속하게 섞는다.
유지 중탕 시 스텐볼을 사용한다. (플라스틱 용기 금지)
수분이 덜 빠지면 윗면에 손자국이 남는다.

마드레느

시험시간	1시간 50분	제조방법	1단계법 (변형 반죽법)

	비율(%)	재료명	무게(g)
배합표	100	박력분	400
	2	베이킹파우더	8
	100	설탕	400
	100	달걀	400
	1	레몬껍질	4
	0.5	소금	2
	100	버터	400
	403.5	계	1,614

<table>
<tr><td rowspan="1">요구 사항</td><td colspan="3">

※ 마드레느를 제조하여 제출하시오.

❶ 배합표의 각 재료를 계량하여 재료별로 진열하시오.(7분)

- 재료계량(재료당 1분)→[감독위원 계량 확인]→작품제조 및 정리정돈(전체 시험시간-재료계량시간)
- 재료계량시간 내에 계량을 완료하지 못하여 시간이 초과한 경우 및 계량을 잘못한 경우는 추가의 시간부여 없이 작품제조 및 정리정돈 시간을 활용하여 요구사항의 무게대로 계량
- 달걀의 계량은 감독위원이 지정하는 개수로 계량

❷ 마드레느는 수작업으로 하시오.
❸ 버터를 녹여서 넣은 1단계법(변형) 반죽법을 사용하시오.
❹ 반죽온도는 24℃를 표준으로 하시오.
❺ 실온에서 휴지시키시오.
❻ 제시된 팬에 알맞은 반죽량을 넣으시오.
❼ 반죽은 전량을 사용하여 성형하시오.

</td></tr>
<tr><td>공정 준비</td><td>▶ 재료계량하기
▶ 오븐예열
▶ 팬 준비
▶ 전처리 가루 체질 및 유지 용해</td><td>요구 point</td><td>▶ 재료계량 : 7분
▶ 수작업으로 진행
▶ 반죽온도 : 24℃ ± 1
▶ 버터를 녹여서 넣는다.(약 30℃)
▶ 실온에서 휴지
▶ 제시된 팬에 약 70~80% 팬닝
▶ 반죽 전량 사용</td></tr>
<tr><td>준비물 (도구)</td><td colspan="3">고무주걱, 나무주걱, 가루체, 비닐, 온도계, 버너, 중탕물, 마들렌틀 2장, 손거품기, 카드스크래퍼, 짤주머니, 1cm 원형깍지, 비닐장갑, 버터 약간</td></tr>
</table>

제조 공정

01 재료를 기준 시간 내에 정확하게 계량한다.(개당 1분)

02 버터를 용해(약 30℃)하고 레몬껍질은 강판에 갈거나 다져둔다.

03 풀어놓은 달걀에 설탕, 소금을 한번에 넣고 가볍게 혼합한다.

04 체친 가루(박력분, 베이킹파우더)를 거품이 생기지 않게 혼합한다.

05 다진 레몬껍질을 혼합한다.

06 용해버터(약 30℃)를 거품이 생기지 않도록 가볍게 혼합한다.

※ 버터는 용해 후, 온도가 높으면 약 30℃까지 냉각해서 섞어준다.

07 반죽을 비닐로 덮어 실온에서 약 15~20분 휴지시킨다.

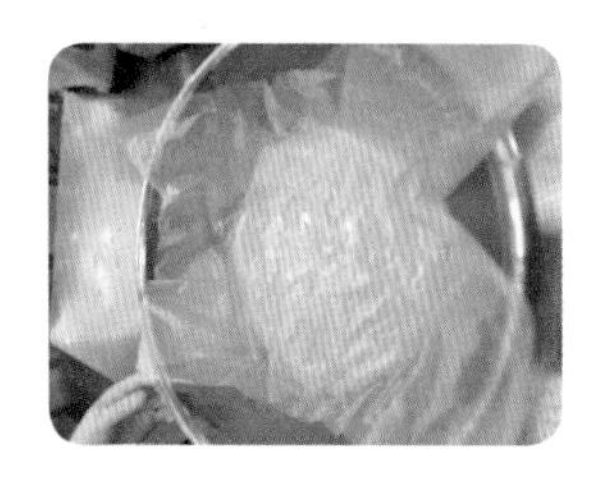

08 마드레느 팬에 버터를 얇게 바른다.

09 짤주머니에 1cm 원형깍지를 끼우고 반죽을 담아 70~80%까지 팬닝한다.

10 오븐 윗불 180℃/아랫불 160℃에서 약 15분 굽는다.(상태확인) 		

※ 팬닝양에 따라 굽는 시간이 다르며 완제품 색도 각각 다르다.
※ 오븐에서 마드레느가 나오면 바로 틀에서 분리하여 냉각팬에 꺼낸다.

최종 제품평가

껍질 : 윗면은 황금갈색으로 굽고 옆면과 밑면의 색이 고르게 나야 한다.
부피 : 팬닝의 양이 일정하고 볼륨이 있어야 하며 양이 불규칙하여 부피감이 작으면 감점이다.
균형 : 마드레느의 크기가 일정해야 하며 크기가 불규칙하면 감점이다.
내상 : 내부 기공이 크거나 조밀하지 않아야 하고 내부 색상이 밝은 노란색이어야 한다.
맛향 : 마드레느의 은은한 향과 식감이 있어야 하며 딱딱하지 않고 부드러워야 한다.

※ 팬닝의 양이 작으면 다른 작품에 비해 상대적으로 색이 진하게 나오고 식감이 딱딱해진다. 팬닝과 오븐 조작법이 매우 중요한 작품이다.

쇼트 브레드 쿠키

시험시간	2시간	제조방법	크림법

	비율(%)	재료명	무게(g)
배합표	100	박력분	500
	33	마가린	165(166)
	33	쇼트닝	165(166)
	35	설탕	175(176)
	1	소금	5(6)
	5	물엿	25(26)
	10	달걀	50
	10	달걀 노른자	50
	0.5	바닐라향	2.5(2)
	227.5	계	1,137.5(1,142)

<table>
<tr><td>요구
사항</td><td colspan="3">

※ **쇼트 브레드 쿠키를 제조하여 제출하시오.**
❶ 배합표의 각 재료를 계량하여 재료별로 진열하시오.(9분)
• 재료계량(재료당 1분)→[감독위원 계량 확인]→작품제조 및 정리정돈(전체 시험시간-재료계량시간)
• 재료계량시간 내에 계량을 완료하지 못하여 시간이 초과한 경우 및 계량을 잘못한 경우는 추가의 시간부여 없이 작품제조 및 정리정돈 시간을 활용하여 요구사항의 무게대로 계량
• 달걀의 계량은 감독위원이 지정하는 개수로 계량
❷ 반죽은 수작업으로 하여 크림법으로 제조하시오.
❸ 반죽온도는 20℃를 표준으로 하시오.
❹ 제시한 정형기를 사용하여 두께 0.7~0.8cm, 지름 5~6cm(정형기에 따라 가감) 정도로 정형하시오.
❺ 제시한 2개의 팬에 전량 성형하시오.(단, 시험장 팬의 크기에 따라 감독위원이 별도로 지정할 수 있다.)
❻ 달걀 노른자칠을 하여 무늬를 만드시오.
달걀은 총 7개를 사용하며, 달걀 크기에 따라 감독위원이 가감하여 지정할 수 있다.
1. 배합표 반죽용 4개(달걀 1개+노른자용 달걀 3개)
2. 달걀 노른자칠용 달걀 3개

</td></tr>
<tr><td>공정
준비</td><td>▶ 재료계량하기
▶ 오븐예열 및 도구 준비
▶ 가루 체치기
(박력분, 바닐라향)</td><td>요구
point</td><td>▶ 재료계량 : 9분
▶ 크림법 제조
▶ 반죽온도 : 20℃ ± 1
▶ 5~6cm 정형기 사용
▶ 두께 0.7~0.8cm 정도 정형
▶ 반죽 전량 사용 성형
▶ 달걀 노른자칠을 하여 무늬내기</td></tr>
<tr><td>준비물
(도구)</td><td colspan="3">고무주걱, 나무주걱, 가루체, 비닐, 온도계, 평철판 2장, 밀대, 덧가루, 쿠키 정형기, 포크, 손거품기, 붓, 노른자 3개</td></tr>
</table>

01 재료를 기준 시간 내에 정확하게 계량

02 마가린과 쇼트닝을 거품기로 풀어준다.

03 설탕, 소금, 물엿을 넣고 크림화한다.

04 달걀과 노른자를 2~3회 나누어 넣으며 부드럽게 크림 상태로 만든다.

05 체친 가루(박력분, 바닐라향)를 섞는다.

06 반죽온도 체크 : 20℃ ±1(19~21℃)

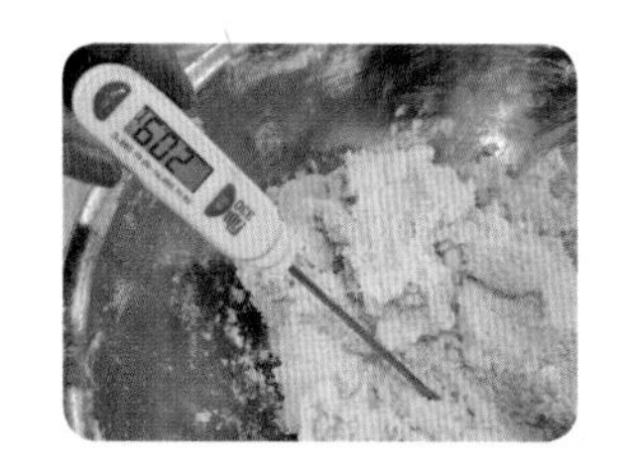

07 반죽이 마르지 않도록 비닐에 싸서 냉장고에 20~30분 휴지한다.

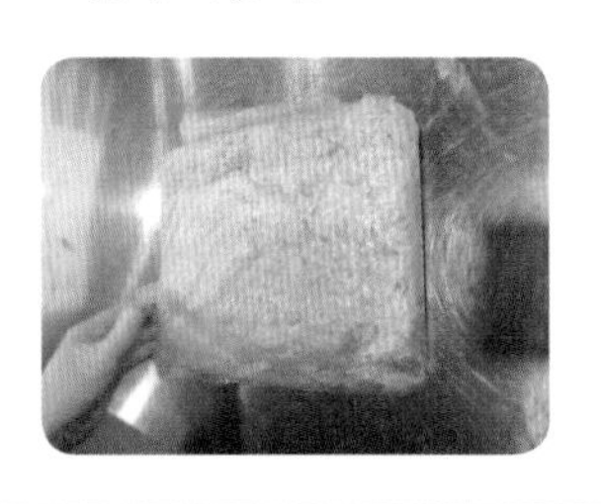

08 휴지시킨 반죽을 덧가루 넣고 치댄 후 밀대로 두께 0.7~0.8cm로 밀어편다.

09 쿠키 정형틀을 이용하여 제시한 크기로 찍어서 팬닝한다.

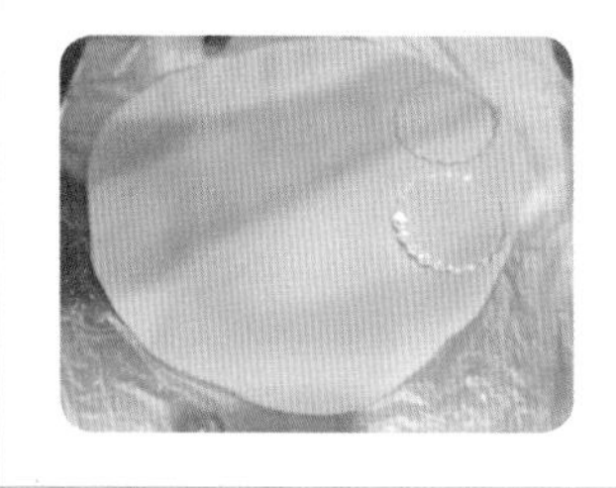

※ 냉장 휴지가 우선이다. 예쁘게 하려고 실온에서 시간 지체하지 않도록 한다.

※ 휴지 완료점 : 손으로 눌렀을 때 수축되지 않고 자국이 남아 있는 상태

10 준비된 노른자를 붓으로 두 번 바르고 노른자 위에 포크로 무늬를 낸다.	**11** 오븐 온도 윗불 190℃/150℃ 약 12~15분 굽는다.(상태확인)	**12** 완제품
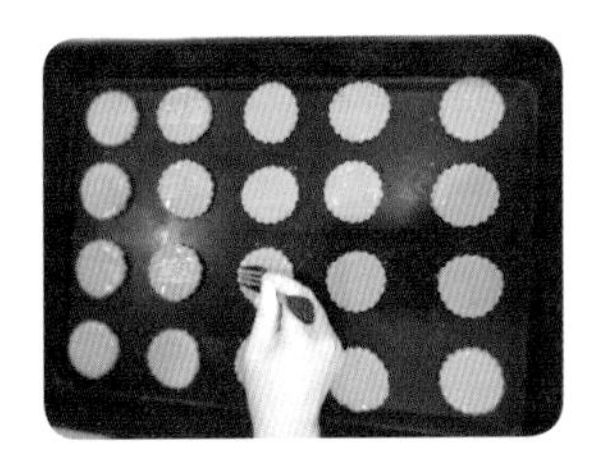		

※ 덧가루 양은 반죽 무게의 10%를 넘지 않도록 한다.
※ 반죽을 2등분하여 비닐 위에서 밀어편다.(양옆에 연필을 놓고 밀면 두께 조절이 편리하다)
※ 노른자 칠 후 시간이 지연되면 무늬가 깔끔하지 않으므로 신속하게 작업한다.

최종 제품평가

껍질 : 껍질색은 노른자가 흘러내려 바닥이 타지 않도록 하고 윗면은 황금갈색이 나야 하며 옆면과 바닥의 색이 균일하게 표현되어야 하며 포크 무늬가 선명하지 않으면 감점된다.

부피 : 쿠키의 퍼짐이 일정하고 부피감이 있어야 한다.

균형 : 찌그러짐이 없이 형태가 균일하고 대칭을 이뤄야 하며 두께가 일정하지 않으면 감점된다.

내상 : 쿠키의 기공이 크지 않고 일정해야 하며 조직은 균일해야 한다.

맛향 : 식감이 부드럽고 바삭해야 하며 쿠키의 향이 나야 한다.
탄 냄새가 나고 식감이 딱딱하면 감점된다.

※ 덧가루를 많이 사용하면 표면이 갈라지고 식감이 딱딱해진다.
모양 찍고 남은 반죽은 계속 섞어서 사용하지 말고 마지막에 모아서 사용한다.
치댄 반죽을 한 번에 밀어펴지 않고 2개로 나눠 밀면 편리하다.
쿠키의 두께가 일정해야 오븐에서 타는 제품이 발생되지 않는다.

슈

시험시간	2시간	제조방법	전분의 호화

배합표	비율(%)	재료명	무게(g)
	125	물	250
	100	버터	200
	1	소금	2
	100	중력분	200
	200	달걀	400
	526	계	1,052

※ 충전용 재료는 계량시간에서 제외

비율(%)	재료명	무게(g)
500	커스터드 크림	1,000

<table>
<tr><td>요구
사항</td><td colspan="3">※ 슈를 제조하여 제출하시오.
❶ 배합표의 각 재료를 계량하여 재료별로 진열하시오.(5분)
• 재료계량(재료당 1분)→[감독위원 계량 확인]→작품제조 및 정리정돈(전체 시험시간-재료계량시간)
• 재료계량시간 내에 계량을 완료하지 못하여 시간이 초과한 경우 및 계량을 잘못한 경우는 추가의 시간부여 없이 작품제조 및 정리정돈 시간을 활용하여 요구사항의 무게대로 계량
• 달걀의 계량은 감독위원이 지정하는 개수로 계량
❷ 껍질 반죽은 수작업으로 하시오.
❸ 반죽은 직경 3cm 전후의 원형으로 짜시오.
❹ 커스터드 크림을 껍질에 넣어 제품을 완성하시오.
❺ 반죽의 전량을 사용하여 성형하시오.</td></tr>
<tr><td>공정
준비</td><td>▶ 재료계량하기
▶ 오븐예열 및 도구 준비
▶ 가루 체치기(중력분)</td><td>요구
point</td><td>▶ 재료계량 : 5분
▶ 껍질 반죽은 수작업
▶ 지름 3cm 전후 원형
▶ 커스터드 크림을 속에 넣어 완성
▶ 반죽 전량을 사용하여 성형</td></tr>
<tr><td>준비물
(도구)</td><td colspan="3">고무주걱, 손거품기, 가루체, 비닐, 평철판 3장, 짤주머니, 1cm 원형깍지, 분무기, 카드스크래퍼</td></tr>
</table>

제조 공정

01 재료를 기준 시간 내에 정확하게 계량 	**02** 스텐볼에 버터, 물, 소금을 넣고 끓인다. 	**03** 중력분을 넣고 반죽을 호화시킨다. 

※ 버터, 물, 소금이 끓기 시작하면 약 60초 더 끓인다.

04 불에서 내린 후 달걀 넣으며 농도 조정 	**05** 윤기 나고 떨어진 자국이 남는 상태 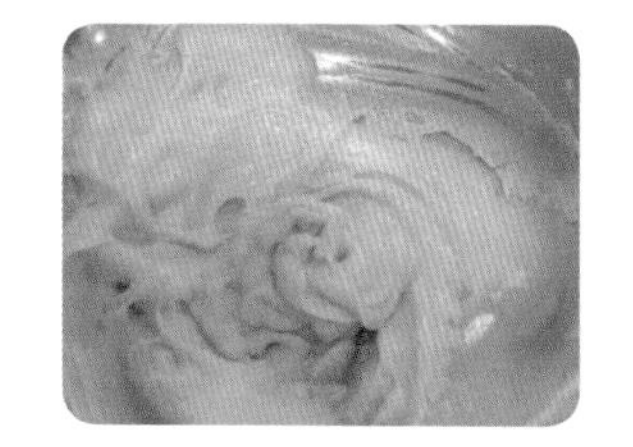	**06** 간격을 일정하게 팬닝한다. 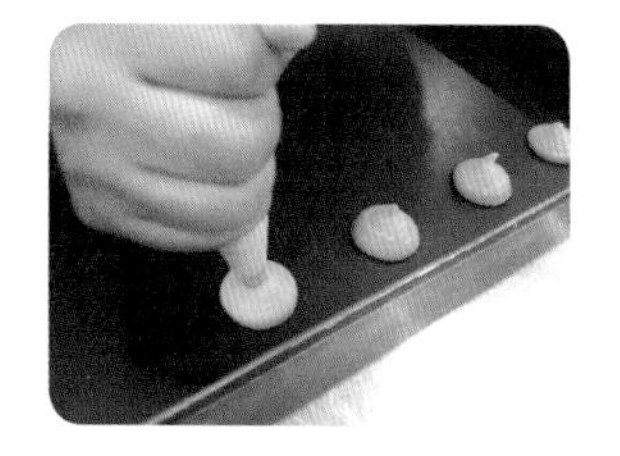

※ 지름 1cm 원형깍지를 끼우고 철판에 직경 3cm 원형모양으로 짠다.

07 팬닝 후 분무기를 사용하여 물을 뿌려준다. 	**08** 오븐 온도 윗불 200℃/아랫불 200℃에서 약 10분 굽고 윗불, 아랫불을 150℃로 내리고 20~25분을 더 굽는다. 	

※ 철판에 물을 부었다가 전체 흔들어준 후 물을 버리는 방법도 있다.

최종 제품평가

껍질 : 윗면은 황금갈색으로 굽고 껍질이 자연스럽게 터져야 한다.
옆면과 바닥의 색이 균일하게 표현되어야 하고 껍질이 물렁하면 감점이다.

부피 : 반죽의 퍼짐이 일정하고 부피감이 있어야 하며 너무 작거나 너무 크면 감점이다.

균형 : 둥근 형태의 모양으로 균일하며 찌그러지거나 크기가 일정하지 않으면 감점이다.

내상 : 충전 크림이 일정하게 충전되어야 하며 벌집 모양이 많아 크림충전이 어려우면 감점이다.

맛향 : 껍질과 크림이 잘 어울려야 하며 식감이 좋고 슈 특유의 풍미와 향이 나야 한다.

※ 밀가루를 호화시키는 정도에 따라 반죽의 농도가 달라진다.
반죽의 호화는 한 덩어리로 뭉치며 표면이 매끄러운 상태로 변할 때이다.
반죽의 농도는 달걀로 조절하며 최종상태 확인 방법은 휘퍼로 반죽을 한 덩어리 들어 올렸을 때 2~3번 떨어지고 휘퍼에 묻어 있을 때이다.

브라우니

시험시간	1시간 50분	제조방법	1단계 변형 반죽법

	비율(%)	재료명	무게(g)
배합표	100	중력분	300
	120	달걀	360
	130	설탕	390
	2	소금	6
	50	버터	150
	150	다크초콜릿(커버춰)	450
	10	코코아파우더	30
	2	바닐라향	6
	50	호두	150
	614	계	1,842

<table>
<tr><td rowspan="1">요구
사항</td><td colspan="3">※ 브라우니를 제조하여 제출하시오.
❶ 배합표의 각 재료를 계량하여 재료별로 진열하시오.(9분)
• 재료계량(재료당 1분)→[감독위원 계량 확인]→작품제조 및 정리정돈(전체 시험시간-재료계량시간)
• 재료계량시간 내에 계량을 완료하지 못하여 시간이 초과한 경우 및 계량을 잘못한 경우는 추가의 시간부여 없이 작품제조 및 정리정돈 시간을 활용하여 요구사항의 무게대로 계량
• 달걀의 계량은 감독위원이 지정하는 개수로 계량
❷ 브라우니는 수작업으로 반죽하시오.
❸ 버터와 초콜릿을 함께 녹여서 넣는 1단계 변형 반죽법으로 하시오.
❹ 반죽온도는 27℃를 표준으로 하시오.
❺ 반죽은 전량을 사용하여 성형하시오.
❻ 3호 원형팬 2개에 팬닝하시오.
❼ 호두의 반은 반죽에 사용하고 나머지 반은 토핑하며, 반죽 속과 윗면에 골고루 분포되게 하시오.(호두는 구워서 사용)</td></tr>
<tr><td>공정
준비</td><td>▶ 재료계량하기
▶ 오븐예열 및 도구 준비
▶ 가루 체치기
(중력분, 코코아파우더, 바닐라향)
▶ 중탕물 준비
▶ 호두 굽기
▶ 초콜릿+버터 용해(45~50℃)</td><td>요구
point</td><td>▶ 재료계량 : 9분
▶ 1단계 변형 반죽법 제조
▶ 반죽온도 : 27℃ ± 1
▶ 3호 원형틀 2개 제조
▶ 초콜릿과 버터를 함께 녹이기</td></tr>
<tr><td>준비물
(도구)</td><td colspan="3">고무주걱, 나무주걱, 가루체, 비닐, 온도계, 3호 원형틀 2개, 유산지 1장, 커터칼, 가위, 버너, 중탕물, 손거품기</td></tr>
</table>

제조 공정

01 재료를 기준 시간 내에 정확하게 계량

02 호두 전처리 오븐에 약 3분 굽는다.

03 다크초콜릿과 버터를 같이 중탕(약 45~50℃)

04 달걀을 풀고 설탕, 소금을 가볍게 혼합

05 중탕한 초콜릿, 버터를 가볍게 혼합

06 체친 가루 넣고 혼합 (코코아파우더, 중력분, 바닐라향)

※ 공기가 들어가지 않도록 주의하며 혼합한다.

07 구운 호두 분태 1/2을 혼합한다.

08 반죽온도 체크 : 27℃ ±1 (26~28℃)

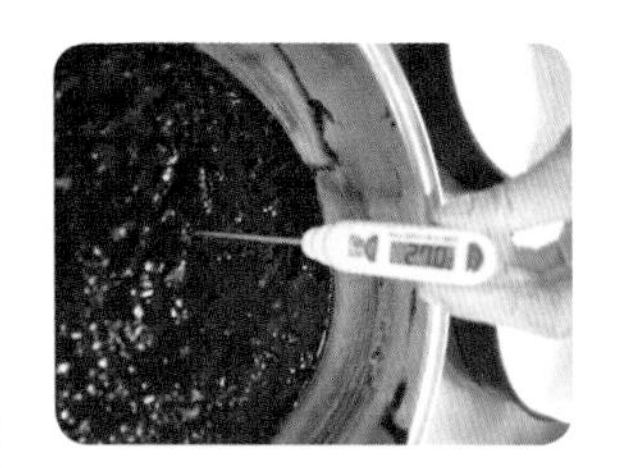

09 3호 원형틀 두 개에 팬닝하고 윗면에 남은 호두분태를 뿌려준다.

※ 팬닝 시 저울에 800g씩 분할하고 남은 반죽은 2등분하여 추가 분할한다.

10 오븐 온도 윗불 175℃/아랫불 150℃ 약 40~45분 굽는다.(상태확인) 		

최종 제품평가

껍질 : 윗면은 먹음직스러운 짙은 초콜릿색이 나야 하며, 자연스러운 갈라짐이 있어야 한다.
호두가 윗면에 고르게 분포되어야 하고 옆면과 바닥의 색이 균일하게 표현되어야 한다.

부피 : 부피감이 있어야 하며 너무 낮거나 흘러넘치면 감점이다.

균형 : 윗면의 표면이 평평하게 균형을 이루어야 하며 찌그러지거나 밑면이 움푹 파이면 감점이다.

내상 : 내부에 호두가 골고루 분포되어야 하고 큰 기공 없이 조직이 균일해야 한다.

맛향 : 탄 냄새가 나지 않고 내부 초콜릿 브라우니의 식감이 부드러워야 한다.

※ 초콜릿 중탕 시 온도가 높으면 초콜릿이 익어서 사용하지 못한다.
녹일 때 물이 들어가도 사용하기 어렵다.
중탕할 그릇의 크기를 작게 하고 초콜릿과 버터 담은 볼을 크게 하여 물이 들어가는 것을 방지하고 불을 끄고 잔열로 저으며 초콜릿과 버터를 녹여준다.

과일 케이크

시험시간	2시간 30분	제조방법	별립법

	비율(%)	재료명	무게(g)
배합표	100	박력분	500
	90	설탕	450
	55	마가린	275(276)
	100	달걀	500
	18	우유	90
	1	베이킹파우더	5(4)
	1.5	소금	7.5(8)
	15	건포도	75(76)
	30	체리	150
	20	호두	100
	13	오렌지필	65(66)
	16	럼주	80
	0.4	바닐라향	2
	459.9	계	2,299.5(2,300~2,302)

<table>
<tr><td>요구
사항</td><td colspan="3">※ 과일 케이크를 제조하여 제출하시오.
❶ 배합표의 각 재료를 계량하여 재료별로 진열하시오.(13분)
• 재료계량(재료당 1분)→[감독위원 계량 확인]→작품제조 및 정리정돈(전체 시험시간-재료계량시간)
• 재료계량시간 내에 계량을 완료하지 못하여 시간이 초과한 경우 및 계량을 잘못한 경우는 추가의 시간부여 없이 작품제조 및 정리정돈 시간을 활용하여 요구사항의 무게대로 계량
• 달걀의 계량은 감독위원이 지정하는 개수로 계량
❷ 반죽은 별립법으로 제조하시오.
❸ 반죽온도는 23℃를 표준으로 하시오.
❹ 제시한 팬에 알맞도록 분할하시오.
❺ 반죽은 전량을 사용하여 성형하시오.</td></tr>
<tr><td>공정
준비</td><td>▶ 재료계량하기
▶ 오븐예열 및 도구 준비
▶ 가루 체치기
(박력분, 바닐라향, 베이킹파우더)</td><td>요구
point</td><td>▶ 재료계량 : 13분
▶ 별립법 제조
▶ 반죽온도 : 23℃ ± 1
▶ 파운드틀 4개 제조
▶ 반죽 전량 사용 성형</td></tr>
<tr><td>준비물
(도구)</td><td colspan="3">고무주걱, 나무주걱, 가루체, 비닐, 파운드틀 4개, 온도계, 짤주머니, 카드스크래퍼, 가위, 손거품기, 도마, 과일칼</td></tr>
</table>

01 재료를 기준 시간 내에 정확하게 계량하여 노른자와 흰자를 분리한다.

02 재료 전처리
(가루 체질, 체리 4등분, 호두 굽기 등)

03 체리, 건포도, 오렌지필은 럼에 담근다.

※ 설탕 분할하여 사용(머랭 설탕 250g, 노른자 설탕 200g)
※ 체리 자른 후 키친타월로 체리 수분을 제거한다.
※ 건포도와 오렌지필을 럼에 담가 전처리하고 호두는 오븐에 굽는다.

04 마가린을 부드럽게 풀어준다.

05 나눠둔 설탕 200g과 소금을 섞는다.

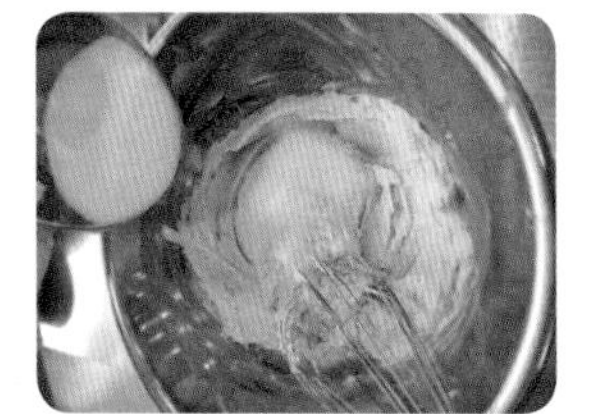

06 노른자를 3회 나누어 섞으며 크림화

07 흰자에 설탕 250g을 3회 나누어 넣고 80~90% 중간피크 상태의 머랭을 만든다.

08 버터 크림화한 반죽에 머랭 2/3를 가볍게 섞는다.

09 체친 가루를 넣고 섞는다.
(박력분, 베이킹파우더, 바닐라향)

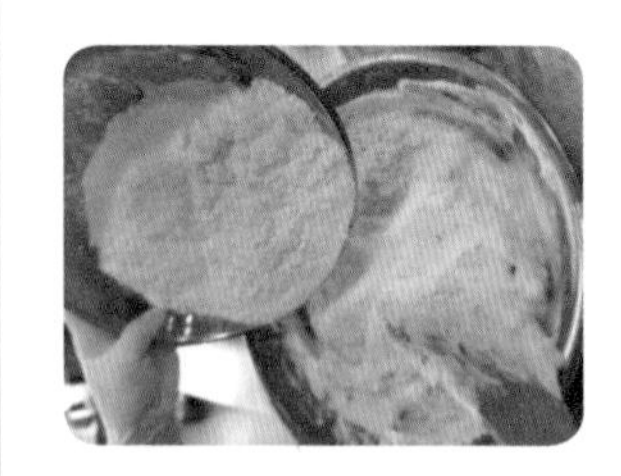

※ 중간피크(90%)상태는 윤기가 흐르고 주걱으로 찍어 올려봤을 때 독수리부리 모양

10 우유를 섞는다. 	**11** 럼에 전처리한 과일과 호두를 섞는다. 	**12** 나머지 머랭 1/3을 가볍게 섞는다. 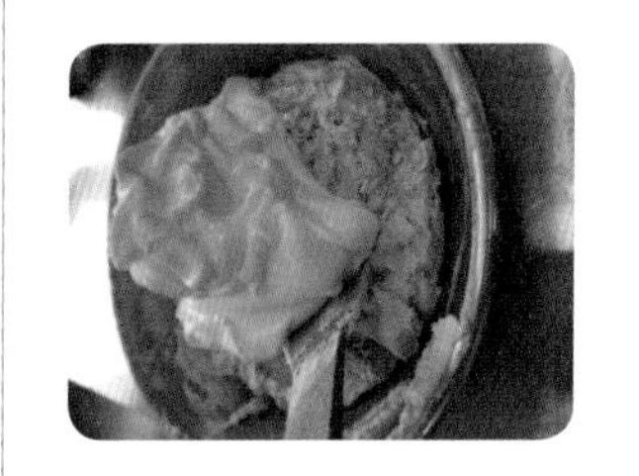
13 짤주머니를 사용하여 파운드 틀에 520g씩 팬닝하고 남은 반죽은 추가로 나눈다.(팬 높이 약 60%) 	**14** 고무주걱을 사용하여 윗면을 U자로 고르게 펴준다. 	**15** 오븐 온도 윗불 180℃/아랫불 160℃로 약 35~40분 굽는다. 

최종 제품평가

껍질 : 윗면은 황금갈색으로 굽고 옆면과 밑면의 색이 동일하게 나야 한다.
표면에 흰색 반점이나 주름이 있으면 감점된다.

부피 : 전체적으로 볼륨 있고 부피가 균일해야 하며 부피감이 너무 작으면 감점된다.

균형 : 윗면이 좌우 균형을 이루어야 하고 찌그러지거나 균형이 맞지 않으면 감점된다.

내상 : 머랭 또는 가루가 없어야 하고 충전물이 골고루 분포되어 있어야 하며 내부 조직이 조밀하지 않고 균일해야 한다.

맛향 : 호두의 비린맛이 없어야 하고 식감이 부드러워야 하며 과일 케이크 특유의 맛과 향이 조화를 이루어야 한다.

※ 체리는 키친타월로 수분을 제거하지 않으면 전체 반죽이 붉은색으로 변한다.
과일 충전물은 약간의 밀가루를 이용하여 버무려 둔다. (충전물이 가라앉는 것을 방지하기 위해서 너무 많은 밀가루를 사용하면 완제품 내에 밀가루가 남을 수 있다)
설탕을 나눠 사용할 때 머랭에 250g을 사용한다.
반죽에 나머지 머랭을 섞을 때는 주걱이나 거품기로 살짝 풀어서 섞도록 한다.

파운드 케이크

시험시간	2시간 30분	제조방법	크림법

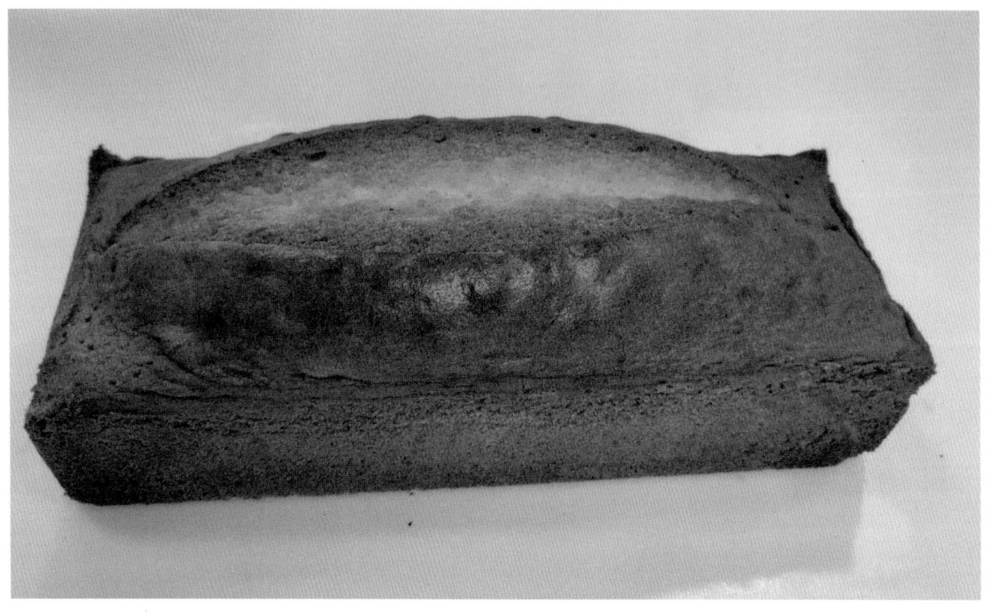

	비율(%)	재료명	무게(g)
배합표	100	박력분	800
	80	설탕	640
	80	버터	640
	2	유화제	16
	1	소금	8
	2	탈지분유	16
	0.5	바닐라향	4
	2	베이킹파우더	16
	80	달걀	640
	347.5	계	2,780

<table>
<tr><td>요구사항</td><td colspan="3">

※ 파운드 케이크를 제조하여 제출하시오.

❶ 배합표의 각 재료를 계량하여 재료별로 진열하시오.(9분)

- 재료계량(재료당 1분)→[감독위원 계량 확인]→작품제조 및 정리정돈(전체 시험시간-재료계량시간)
- 재료계량시간 내에 계량을 완료하지 못하여 시간이 초과한 경우 및 계량을 잘못한 경우는 추가의 시간부여 없이 작품제조 및 정리정돈 시간을 활용하여 요구사항의 무게대로 계량
- 달걀의 계량은 감독위원이 지정하는 개수로 계량

❷ 반죽은 크림법으로 제조하시오.
❸ 반죽온도는 23℃를 표준으로 하시오.
❹ 반죽의 비중을 측정하시오.
❺ 윗면을 터뜨리는 제품을 만드시오.
❻ 반죽은 전량을 사용하여 성형하시오.
</td></tr>
<tr><td>공정준비</td><td>▶ 재료계량하기
▶ 오븐예열 및 도구 준비
▶ 가루 체치기
(박력분, 바닐라향, 분유, 베이킹파우더)</td><td>요구
point</td><td>▶ 재료계량 : 9분
▶ 크림법 제조
▶ 반죽온도 : 23℃ ± 1
▶ 비중 : 0.75 ± 0.05 (0.7~0.8)
▶ 파운드틀 사용 4개 제조
▶ 윗면을 터뜨리는 제품 제조</td></tr>
<tr><td>준비물
(도구)</td><td colspan="3">고무주걱, 나무주걱, 가루체, 비닐, 유산지 2장, 파운드틀 4개, 커터칼, 가위, 비중컵, 온도계, 짤주머니, 저울, 풀먼식빵 틀 1개</td></tr>
</table>

제조 공정

01 재료를 기준 시간 내에 정확하게 계량

02 버터를 부드럽게 풀고 설탕, 소금, 유화제를 넣고 크림화한다.

03 달걀을 3~4회 나누어 넣으며 부드러운 크림상태로 만든다.

04 스텐볼에 반죽을 덜어 체친 가루를 섞는다.
(박력분, 탈지분유, 베이킹 파우더, 바닐라향)

05 반죽온도 체크 : 23℃ ±1 (22~24℃)

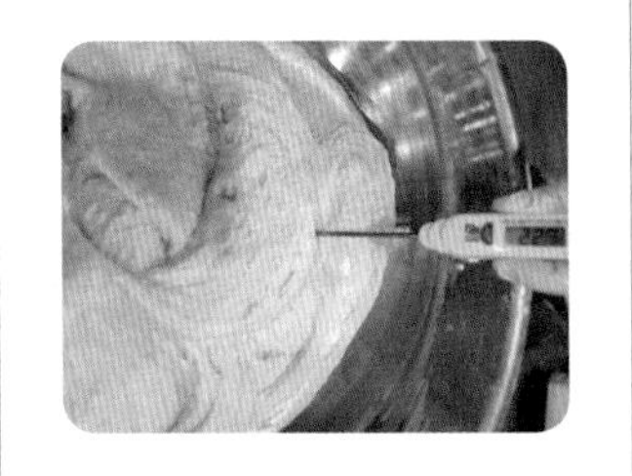

06 비중 체크 0.8 ± 0.05 (0.75~0.85)

07 반죽을 짤주머니에 담아 600g씩 팬닝한다.(약 70% 팬닝)

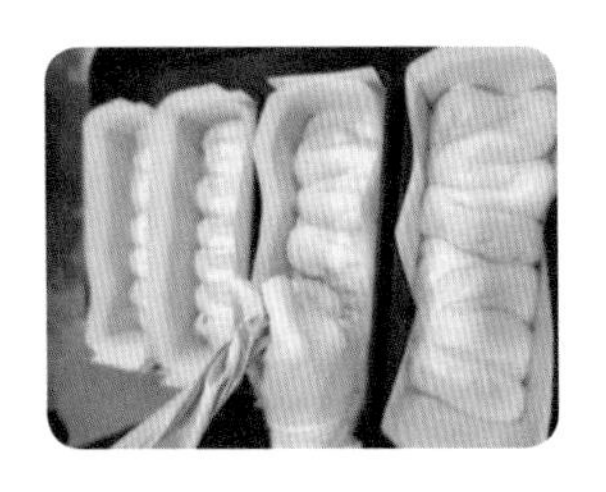

08 남은 반죽을 나누어 추가 팬닝하고 고무주걱 사용하여 윗면을 U자형으로 정리한다.

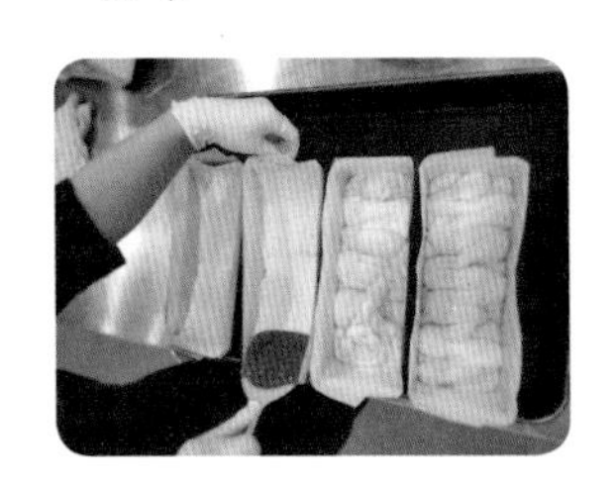

09 윗불 230℃/아랫불 180℃ 약 10분 내에 윗면에 색을 내고 칼에 식용유를 바르며 중앙을 가른다.

10 윗불 150℃로 낮춘 후 풀먼 식빵 틀을 이용하여 철판을 덮고 약 35분 더 굽는다.	11 상태확인 후 오븐에서 꺼낸다.	

※ 색을 낼 때 온도가 낮을 경우 껍질이 두꺼워져 터짐이 작아진다.

최종 제품평가

껍질 : 윗면은 먹음직스러운 황금갈색이 나야 하며, 속 반죽이 위로 터짐이 있어야 한다.
껍질이 두껍지 않아야 하고 옆면과 바닥의 색이 균일하게 표현되어야 한다.
껍질이 두껍고 표면에 반점과 갈라짐이 작으면 감점된다.

부피 : 크기에 맞게 부피감이 있고 중앙이 솟아올라야 하며 너무 낮거나 흘러넘치면 감점이다.

균형 : 칼집을 넣은 윗면이 선명하고 균형을 이루어 대칭이 맞아야 하며 찌그러져 균형이 맞지 않으면 감점된다.

내상 : 내부는 밝은 노란색을 띠고 큰 기공 없이 조직이 균일해야 한다.

맛향 : 탄 냄새가 나지 않고 부드러운 식감과 파운드 케이크의 풍미가 있어야 한다.

※ 윗면의 색을 고온에서 빠르게 내야 하며 색이 나면 칼집을 내는 동안 오븐 온도 조절과 문을 열어 오븐 내부 온도를 다운시킨다.
온도가 낮으면 껍질이 두껍고 중앙이 솟아오르지 않는다.
중앙을 가를 때 칼에 식용유를 바르고 한 개씩 가른다.

다쿠와즈

시험시간	1시간 50분	제조방법	머랭법

	비율(%)	재료명	무게(g)
배합표	130	달걀 흰자	325(326)
	40	설탕	100
	80	아몬드 분말	200
	66	분당	165(166)
	20	박력분	50
	336	계	840(842)
	※ 충전용 재료는 계량시간에서 제외		
	비율(%)	**재료명**	**무게(g)**
	90	버터크림(샌드용)	225(226)

<table>
<tr><td>요구
사항</td><td colspan="3">※ 다쿠와즈를 제조하여 제출하시오.
❶ 배합표의 각 재료를 계량하여 재료별로 진열하시오.(5분)
• 재료계량(재료당 1분)→[감독위원 계량 확인]→작품제조 및 정리정돈(전체 시험시간-재료계량시간)
• 재료계량시간 내에 계량을 완료하지 못하여 시간이 초과한 경우 및 계량을 잘못한 경우는 추가의 시간부여 없이 작품제조 및 정리정돈 시간을 활용하여 요구사항의 무게대로 계량
• 달걀의 계량은 감독위원이 지정하는 개수로 계량
❷ 머랭을 사용하여 반죽을 만드시오.
❸ 표피가 갈라지는 다쿠와즈를 만드시오.
❹ 다쿠와즈 2개를 크림으로 샌드하여 1조의 제품으로 완성하시오.
❺ 반죽은 전량을 사용하여 성형하시오.</td></tr>
<tr><td>공정
준비</td><td>▶ 재료계량하기
▶ 오븐예열 및 도구 준비
▶ 가루 체치기(아몬드분말, 박력분, 분당)</td><td>요구
point</td><td>▶ 재료계량 : 5분
▶ 머랭제조
▶ 표피가 갈라지도록 만들기
▶ 2개를 크림으로 샌드해서 완성
▶ 반죽 전량 사용</td></tr>
<tr><td>준비물
(도구)</td><td colspan="3">고무주걱, 나무주걱, 가루체, 비닐, 온도계, 다쿠와즈틀 2장, 카드스크래퍼, 짤주머니, 1cm 원형깍지, 손거품기, 비닐장갑, 슈가파우더 약간</td></tr>
</table>

01 재료를 기준 시간 내에 정확하게 계량한다.(개당 1분)

02 흰자에 설탕을 2~3회 나누어 넣고 중간피크(80~90%) 머랭을 제조한다.

03 머랭에 체친 가루를 혼합한다.(아몬드분말, 분당, 박력분)

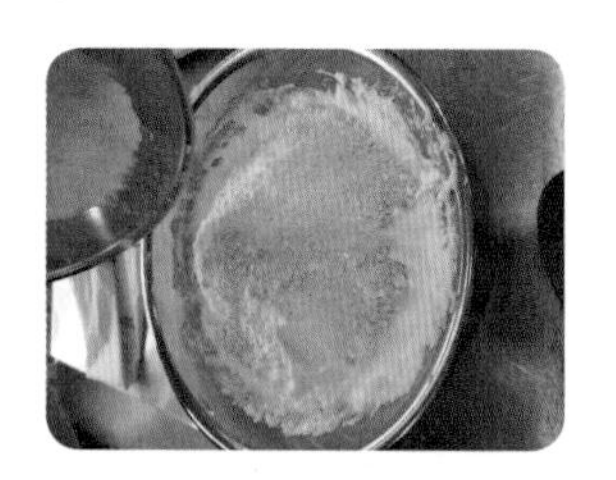

※ 중간피크 머랭상태는 윤기가 흐르고 주걱으로 찍어 올렸을 때 독수리부리 모양이 특징이다.

04 모든 재료를 약 90%까지 혼합한다.

05 짤주머니에 1cm 원형깍지를 끼우고 반죽을 담는다.

06 평철판에 테프론시트를 깔고 다쿠와즈 틀을 올린 후 반죽을 짜준다.

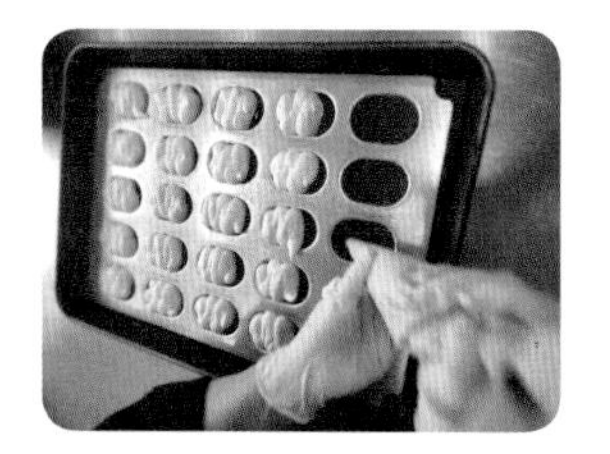

※ 반죽을 반복해서 건드리면 질어지면서 처음과 마지막 제품에 부피 차이가 생긴다.

07 카드스크래퍼를 이용하여 윗면을 평평하게 긁어준 후 틀을 제거한다.

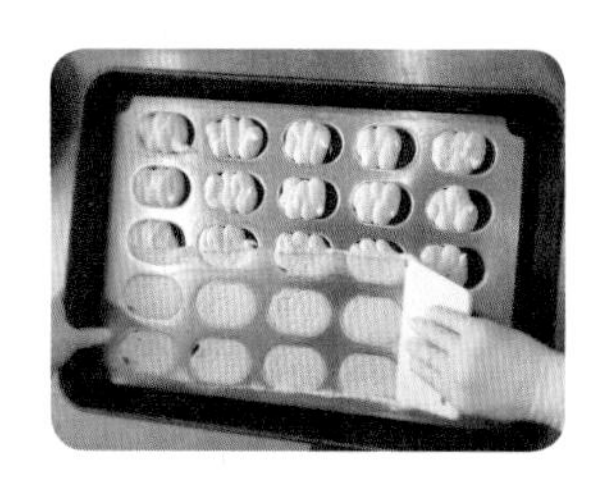

08 고운체를 이용하여 분당을 고르게 뿌려준다.

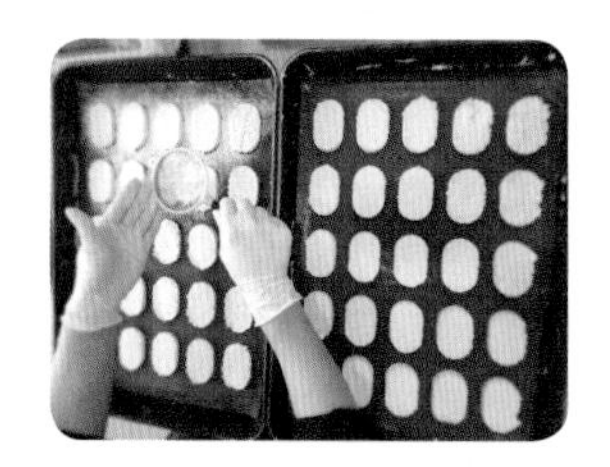

09 오븐 온도 윗불 190℃/아랫불 160℃ 약 15분 굽는다.(상태확인)

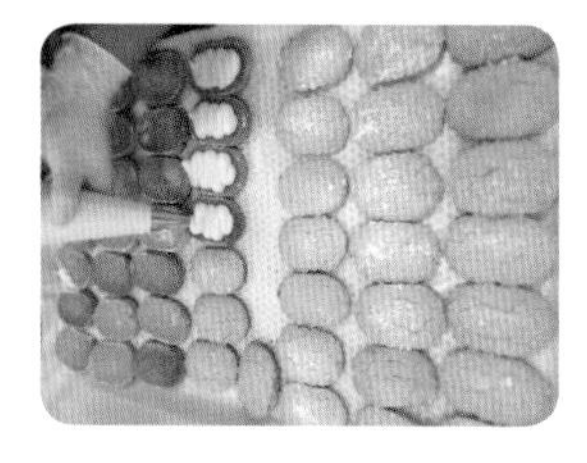

※ 슈가파우더를 적게 뿌리거나 많이 뿌리면 다쿠와즈의 윗면이 갈라지지 않는다.

10 냉각 후, 다쿠와즈 2개를 샌드 후 1개조로 하여 전량 제출한다. 		

최종 제품평가

껍질 : 윗면은 황금갈색으로 굽고 옆면과 밑면의 색이 고르게 나야 하며 윗면에 자연스럽게 갈라짐이 있어야 한다.

부피 : 다쿠와즈의 퍼짐이 일정하고 볼륨이 있어야 하며 부피감이 작으면 감점이다.

균형 : 다쿠와즈의 터짐이 균일해야 하며 대칭을 이루어야 한다.

내상 : 기공이 벌집처럼 일정해야 하며 내부 조직이 균일해야 한다.

맛향 : 다쿠와즈의 은은한 향과 식감이 있어야 하며 샌드용 크림을 일정하게 충전하여 조화를 이루어야 한다.

※ 흰자를 이용하여 만드는 머랭은 노른자나 기름기가 섞이면 힘있게 올라오지 않아 흰자 분리를 잘하고 도구 준비 시 주의해야 한다.
단단하게 올린 머랭은 체친 가루를 가볍게 섞어 반죽이 질어지지 않도록 한다.
반죽이 질어지면 완제품이 퍼지고 부피감이 없다.

타르트

시험시간	2시간 20분	제조방법	크림법

배합표

반죽			충전물 (※ 계량시간에서 제외)		
비율(%)	재료명	무게(g)	비율(%)	재료명	무게(g)
100	박력분	400	100	아몬드분말	250
25	달걀	100	90	설탕	226
26	설탕	104	100	버터	250
40	버터	160	65	달걀	162
0.5	소금	2	12	브랜디(럼주)	30
191.5	계	766	367	계	918

토핑 (※ 계량시간에서 제외)			광택제 (※ 계량시간에서 제외)		
비율(%)	재료명	무게(g)	비율(%)	재료명	무게(g)
66.6	아몬드 슬라이스	100	100	에프리코트 혼당	150
			40	물	60
			140	계	210

요구사항	※ **타르트를 제조하여 제출하시오.** ❶ 배합표의 각 재료를 계량하여 재료별로 진열하시오.(5분) (충전물·토핑 등의 재료는 휴지시간을 활용하시오) • 재료계량(재료당 1분)→[감독위원 계량 확인]→작품제조 및 정리정돈(전체 시험시간-재료계량시간) • 재료계량시간 내에 계량을 완료하지 못하여 시간이 초과한 경우 및 계량을 잘못한 경우는 추가의 시간부여 없이 작품제조 및 정리정돈 시간을 활용하여 요구사항의 무게대로 계량 • 달걀의 계량은 감독위원이 지정하는 개수로 계량 ❷ 반죽은 크림법으로 제조하시오. ❸ 반죽온도는 20℃를 표준으로 하시오. ❹ 반죽은 냉장고에서 20~30분 정도 휴지하시오. ❺ 두께 3mm 정도 밀어펴서 팬에 맞게 성형하시오. ❻ 아몬드크림을 제조해서 팬(∅ 10~12cm)용적의 60~70% 정도 충전하시오. ❼ 아몬드슬라이스를 윗면에 고르게 장식하시오. ❽ 8개를 성형하시오. ❾ 광택제로 제품을 완성하시오.

공정준비		요구 point	
	▶ 재료계량하기 ▶ 오븐예열 및 도구 준비 ▶ 가루 체치기(박력분) ▶ 충전물은 계량시간에서 제외		▶ 재료계량 : 5분 ▶ 크림법 제조 ▶ 반죽온도 : 20℃ ± 1 ▶ 타르트 8개 제조 ▶ 광택제 바른 후, 제출

준비물(도구)	고무주걱, 나무주걱, 손거품기, 가루체, 비닐, 타르트틀 8개, 밀대, 짤주머니, 온도계, 1cm 원형깍지, 포크, 덧가루, 붓, 평철판

01 재료를 기준 시간 내에 정확하게 계량

02 버터를 거품기로 풀어준다.

03 설탕, 소금, 물엿을 넣고 크림화한다.

04 달걀과 노른자를 2~3회 나누어 넣으며 부드럽게 크림 상태로 만든다.

05 체친 가루(박력분)를 섞는다.

06 반죽이 마르지 않도록 비닐에 싸서 냉장고에 20~30분 동안 휴지한다.

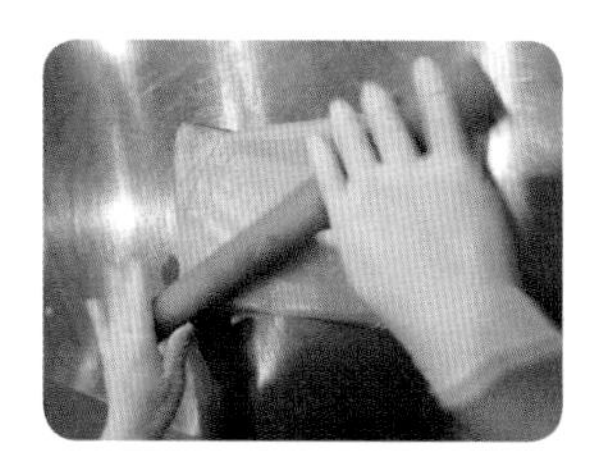

※ 냉장 휴지가 우선이다. 예쁘게 하려고 실온에서 시간 지체하지 않도록 한다.

※ 휴지 완료점 : 손으로 눌렀을 때 수축되지 않고 자국이 남아 있는 상태

07 〈충전물 제조〉
버터를 부드럽게 풀고 설탕을 섞는다.

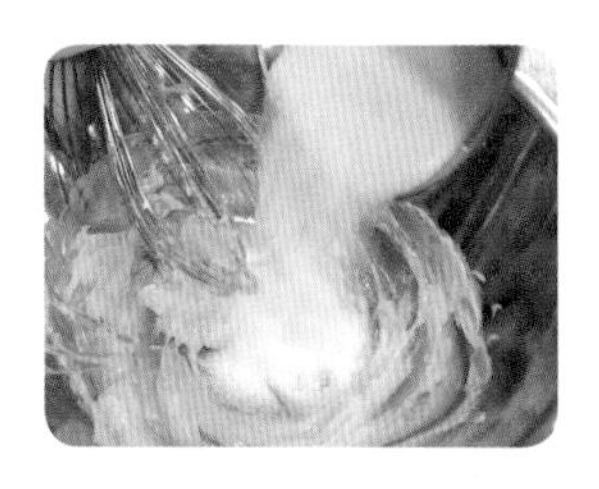

08 달걀을 넣고 부드럽게 크림화한다.

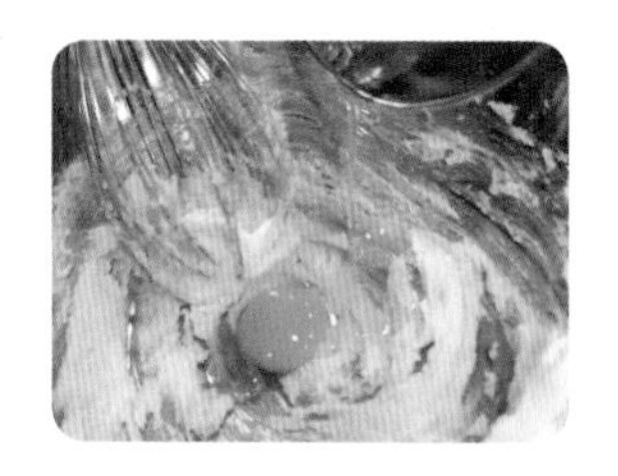

09 체친 아몬드분말과 브랜디(럼주)를 섞어 1cm 원형깍지 짤주머니에 담아 준비

10 휴지시킨 반죽을 덧가루 넣고 치댄 후 밀대로 두께 0.3cm로 밀어편다.(8개)

11 타르트 틀에 맞게 팬닝한 후 아랫면을 포크로 구멍을 낸다.

12 짤주머니를 이용하여 충전물을 60~70% 고르게 짠다.

※ 타르트 반죽 냉장휴지 동안 충전물을 완성한다.

13 아몬드 슬라이스를 고르게 뿌린다.

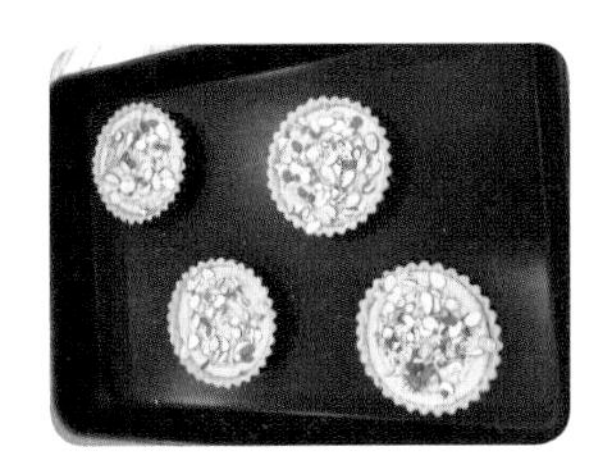

14 오븐 온도 윗불 180℃/190℃에서 약 25~30분 굽는다.

※ 에프리코트 혼당과 물을 끓여 광택제를 만들고 윗면에 골고루 바른다.

최종 제품평가

껍질 : 타르트 반죽의 옆면과 바닥의 색이 균일하게 표현되어야 한다.
껍질은 황금갈색이 나야 하며 아몬드 슬라이스가 골고루 뿌려져 있어야 한다.

부피 : 충전물의 양이 넘치거나 낮지 않아야 하며 부피감이 있어야 한다.

균형 : 찌그러짐이 없이 솟아 있지 않아야 하며 형태가 균일하고 대칭을 이뤄야 한다.
밑면이 움푹 파이거나 타르트 반죽의 두께가 일정하지 않으면 감점된다.

내상 : 섞이지 않은 재료가 없어야 하며 아몬드 크림의 기공과 조직이 균일해야 한다.

맛향 : 껍질의 바삭함과 충전물의 부드러운 식감이 조화를 이루어야 한다.
탄 냄새가 나고 식감이 딱딱하면 감점된다.

※ 덧가루를 많이 사용하거나 과하게 반죽하면 표면이 갈라지고 식감이 딱딱해진다.
모양 찍고 남은 반죽은 계속 섞어서 사용하지 말고 마지막에 모아서 사용한다.
치댄 반죽을 한 번에 밀어펴지 않고 2개로 나눠 밀면 편리하다.
쿠키의 두께가 일정해야 오븐에서 타는 제품이 발생되지 않는다.
밀어편 반죽을 손으로 옮길 경우 반죽이 찢어질 수 있으므로 밀대에 감아 옮긴다.

흑미 롤 케이크

시험시간	1시간 50분	제조방법	공립법

배합표	비율(%)	재료명	무게(g)
	80	박력쌀가루	240
	20	흑미쌀가루	60
	100	설탕	300
	155	달걀	465
	0.8	소금	2.4(2)
	0.8	베이킹파우더	2.4(2)
	60	우유	180
	416.6	계	1,249.8(1,249)
	※ 충전용 재료는 계량시간에서 제외		
	비율(%)	재료명	무게(g)
	60	생크림	150

<table>
<tr><td rowspan="1">요구
사항</td><td colspan="3">※ 흑미 롤 케이크를 제조하여 제출하시오.
❶ 배합표의 각 재료를 계량하여 재료별로 진열하시오.(7분)
• 재료계량(재료당 1분)→[감독위원 계량 확인]→작품제조 및 정리정돈(전체 시험시간-재료계량시간)
• 재료계량시간 내에 계량을 완료하지 못하여 시간이 초과한 경우 및 계량을 잘못한 경우는 추가의 시간부여 없이 작품제조 및 정리정돈 시간을 활용하여 요구사항의 무게대로 계량
• 달걀의 계량은 감독위원이 지정하는 개수로 계량
❷ 반죽은 공립법으로 제조하시오.
❸ 반죽온도는 25℃를 표준으로 하시오.
❹ 반죽의 비중을 측정하시오.
❺ 제시한 팬에 알맞도록 분할하시오.
❻ 반죽은 전량을 사용하여 성형하시오.
(시트의 밑면이 윗면이 되게 정형하시오.)</td></tr>
<tr><td>공정
준비</td><td>▶ 재료계량하기
▶ 오븐예열 및 도구 준비
▶ 중탕물 준비
▶ 가루 체치기
(박력쌀가루, 베이킹파우더)</td><td>요구
point</td><td>▶ 재료계량 : 7분
▶ 공립법 제조
▶ 반죽온도 : 25℃ ± 1
▶ 비중 : 0.45 ± 0.05 (0.4~0.5)
▶ 높은 평철판 1개 제조</td></tr>
<tr><td>준비물
(도구)</td><td colspan="3">고무주걱, 나무주걱, 손거품기, 가루체, 비닐, 유산지 1장, 가위, 높은 평철판, 비중컵, 저울, 온도계, 광목천, 비닐짤주머니, L자 스패출라, 버너, 중탕물</td></tr>
</table>

제조 공정

01 재료를 기준 시간 내에 정확하게 계량

02 계란을 풀고 설탕, 소금을 넣고 섞는다.

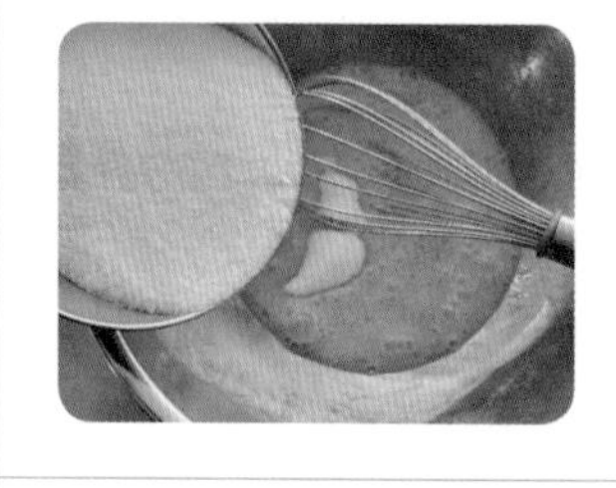

03 중탕온도는 37~43℃

04 중탕 완료 후 휘핑한다.

05 우유를 중탕하고 흑미 쌀가루를 손 휘퍼로 가볍게 혼합한다.

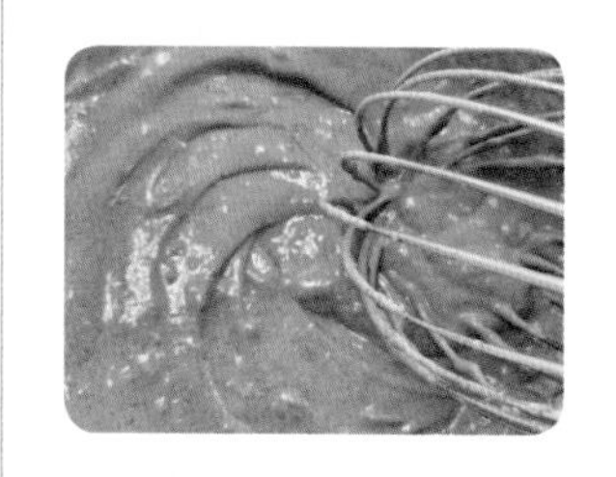

06 체친 가루(박력쌀가루, 베이킹파우더)를 섞고 중탕한 우유+흑미쌀가루를 섞는다.

※ 고속으로 휘핑 후 완료점에서 저속으로 살짝 돌려 불규칙한 기포를 안정화한다.
반죽을 찍어서 들었을 때 2~3방울만 떨어지면 완성

07 반죽온도 체크 : 25℃ ±1 (24~25℃)

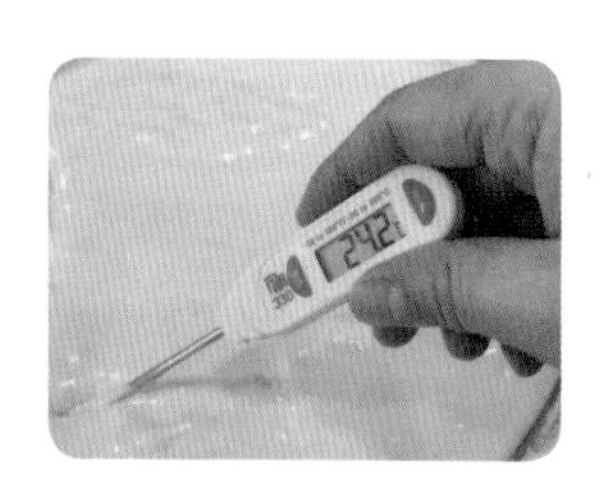

08 비중체크 : 비중 0.45 ± 0.05 (0.4~0.5)

09 평철판에 종이를 깔고 반죽을 팬닝하여 윗면을 고르게 편다.

10 오븐 온도 윗불 190℃/아랫불 160℃에 약 12~15분 굽는다.

11 식힌 후 젖은 천에 시트를 뒤집고 생크림을 골고루 발라 균형 있게 말아준다.

12 젖은 천을 이용하여 말아놓은 제품을 약 1~2분 고정한다.

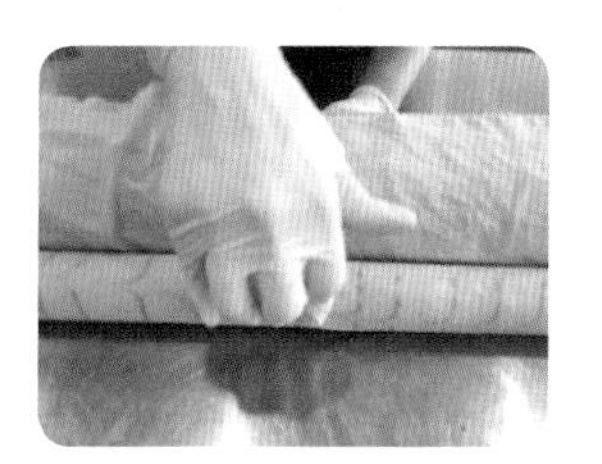

※ 식힘망에서 식힌다.(기존 롤과 다르게 윗면에 크림을 바르고 말아준다)

13 천에서 풀어준다.

14 완성품

최종 제품평가

껍질 : 윗면은 먹음직스러운 엷은 흑미 쌀가루 색이 균일하게 표현되어야 한다.

부피 : 지름이 약 8cm 정도로 볼륨이 있어야 하며 부피감이 작거나 너무 크면 감점이다.

균형 : 윗면이 갈라지지 않아야 하며 좌우 균형을 이루어야 하고 찌그러지거나 주름이 잡히면 감점된다.

내상 : 큰 기공이 없고 섞이지 않은 가루가 없어야 하며 내부 조직이 조밀하지 않고 균일해야 한다.

맛향 : 생크림이 골고루 발라져 맛이 달지 않아야 하고 식감이 부드러워야 하며 흑미 롤 케이크의 풍미와 향이 나야 한다.

※ 오븐에서 나온 윗면에 생크림을 바르고 말아야 한다. (기존 롤과 다르므로 주의한다)
롤을 원통형으로 말 때 앞부분을 잘 접어 누르며 말기 시작하여 중간부터는 힘을 빼고 말아주고 끝부분을 누르며 고정시킨다.

시퐁 케이크

시험시간	1시간 40분	제조방법	시퐁법

	비율(%)	재료명	무게(g)
배합표	100	박력분	400
	65	설탕(A)	260
	65	설탕(B)	260
	150	달걀	600
	1.5	소금	6
	2.5	베이킹파우더	10
	40	식용유	160
	30	물	120
	454	계	1,816

<table>
<tr><td rowspan="1">요구
사항</td><td colspan="3">※ 시퐁 케이크(시퐁법)를 제조하여 제출하시오.
❶ 배합표의 각 재료를 계량하여 재료별로 진열하시오.(8분)
• 재료계량(재료당 1분)→[감독위원 계량 확인]→작품제조 및 정리정돈(전체 시험시간-재료계량시간)
• 재료계량시간 내에 계량을 완료하지 못하여 시간이 초과한 경우 및 계량을 잘못한 경우는 추가의 시간부여 없이 작품제조 및 정리정돈 시간을 활용하여 요구사항의 무게대로 계량
• 달걀의 계량은 감독위원이 지정하는 개수로 계량
❷ 반죽은 시퐁법으로 제조하고 비중을 측정하시오.
❸ 반죽온도는 23℃를 표준으로 하시오.
❹ 시퐁팬을 사용하여 반죽을 분할하고 구우시오.
❺ 반죽은 전량을 사용하여 성형하시오.</td></tr>
<tr><td>공정
준비</td><td>▶ 재료계량하기
▶ 오븐예열 및 도구 준비
▶ 가루 체치기(박력분, 베이킹파우더)
▶ 노른자/흰자 분리
▶ 시퐁틀 준비(분무)</td><td>요구
point</td><td>▶ 재료계량 : 8분
▶ 시퐁법 제조
▶ 반죽온도 : 23℃ ± 1
▶ 비중 : 0.45 ± 0.05 (0.4~0.5)
▶ 시퐁2호 4개 제조</td></tr>
<tr><td>준비물
(도구)</td><td colspan="3">고무주걱, 나무주걱, 가루체, 비닐, 손거품기, 분무기, 시퐁틀 4개, 비중컵, 짤주머니, 온도계, 저울, 젓가락</td></tr>
</table>

01 재료를 기준 시간 내에 정확하게 계량하여 노른자와 흰자를 분리한다.

02 분무기를 사용하여 시퐁틀에 물을 뿌려 뒤집어놓는다.

03 노른자를 풀어준다.

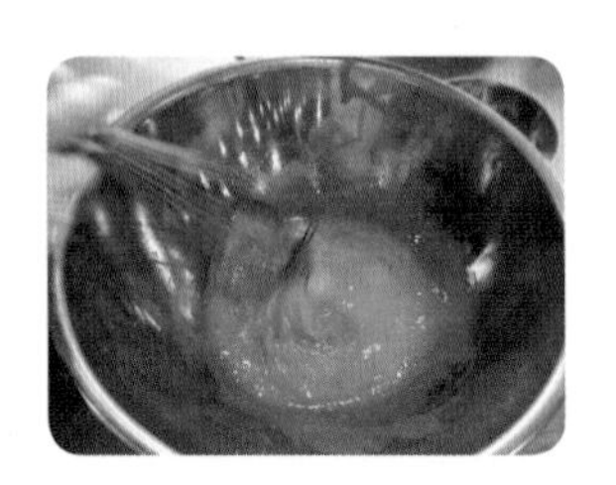

※ 틀에 물을 뿌리는 이유와 시퐁틀이 코팅팬이 아닌 이유가 같다.(종이몰드도 가능)
굽는 과정 중 부풀어오른 반죽이 주저앉지 않고 틀에 붙어 있도록 하기 위함

04 설탕A, 소금을 넣고 혼합한다.

05 물을 넣고 설탕을 녹여준다.

06 식용유를 넣고 섞는다.

07 체친 가루(박력분, 베이킹파우더)를 넣고 거품기를 사용하여 매끈하게 섞는다.

08 흰자에 설탕B를 3회 나누어 넣고 80~90% 중간피크상태의 머랭을 만든다.

09 노른자 반죽에 머랭을 2회 나누어 섞는다.

※ 중간피크(90%)상태는 윤기가 흐르고 주걱으로 찍어 올려봤을 때 독수리부리 모양

10 반죽온도 체크 : 23℃ ±1 (22~24℃)
비중체크 : 비중 0.45 ± 0.05 (0.4~0.5)

11 짤주머니를 사용하여 시퐁 틀에 420g씩 팬닝하고 남은 반죽은 추가로 나눈다. (팬 높이 약 60%)

12 오븐 온도 윗불 180℃/아랫불 160℃ 로 약 30~35분 굽고 틀을 뒤집어서 식힌다.

※ 팬닝 후 젓가락을 이용하여 윗면을 평평하게 한다.
젖은 행주를 이용하여 식힌다. 틀에서 빼서 제출하기 때문에 시간이 필요하다.

13 냉각 후 손으로 가장자리를 눌러 제품을 틀에서 분리한다.

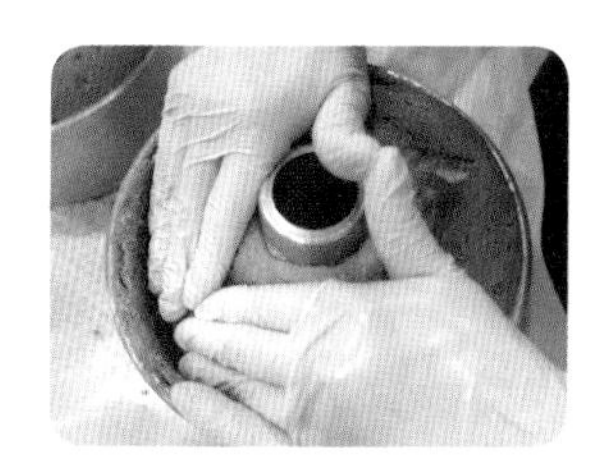

14 틀에서 분리한 후, 구운 윗면이 아래로 가도록 하여 제출한다.

최종 제품평가

껍질 : 윗면은 황금갈색으로 굽고 옆면은 밝은색을 띠며 밑면은 부분적으로 색이 나야 한다.
부피 : 전체적으로 볼륨 있고 부피가 균일해야 하며 부피감이 너무 작으면 감점이다.
균형 : 윗면이 좌우 균형을 이루어야 하고 밑면이 움푹 파이거나 찌그러지면 감점된다.
내상 : 큰 기공이 없고 섞이지 않은 머랭 또는 가루가 없어야 하며 내부 조직이 조밀하지 않고 균일해야 한다.
맛향 : 씹는 식감이 탄력성이 있고 부드러워야 하며 시퐁 케이크 특유의 맛과 향이 조화를 이루어야 한다.

※ 시간 내 완제품을 제출하기까지 시간조정이 필요하다.
틀에서 빼기까지 식히는 시간이 많이 필요하기 때문에 시간 계산을 잘 해야 한다.
반죽에 나머지 머랭을 섞을 때는 주걱이나 거품기로 살짝 저어 섞도록 한다.
굽고 난 후 행주를 많이 준비해서 물을 적셔가며 빠르게 식힌다.
틀에서 뺄 때는 칼이나 스패출라, 주걱 등을 사용하지 않고 손으로만 눌러서 빼야 한다.

마데라(컵) 케이크

시험시간	2시간	제조방법	크림법

배합표

비율(%)	재료명	무게(g)
100	박력분	400
85	버터	340
80	설탕	320
1	소금	4
85	달걀	340
2.5	베이킹파우더	10
25	건포도	100
10	호두	40
30	적포도주	120
418.5	계	1,674

※ 충전용 재료는 계량시간에서 제외

비율(%)	재료명	무게(g)
20	분당	80
5	적포도주	20

요구사항	**※ 마데라(컵) 케이크를 제조하여 제출하시오.** ❶ 배합표의 각 재료를 계량하여 재료별로 진열하시오.(9분) • 재료계량(재료당 1분)→[감독위원 계량 확인]→작품제조 및 정리정돈(전체 시험시간-재료계량시간) • 재료계량시간 내에 계량을 완료하지 못하여 시간이 초과한 경우 및 계량을 잘못한 경우는 추가의 시간부여 없이 작품제조 및 정리정돈 시간을 활용하여 요구사항의 무게대로 계량 • 달걀의 계량은 감독위원이 지정하는 개수로 계량 ❷ 반죽은 크림법으로 제조하시오. ❸ 반죽온도는 24℃를 표준으로 하시오. ❹ 반죽분할은 주어진 팬에 알맞은 양을 팬닝하시오. ❺ 적포도주 퐁당을 1회 바르시오. ❻ 반죽은 전량을 사용하여 성형하시오. ※ 감독위원은 시험 전 주어진 팬을 감안하여 팬의 개수를 지정하여 공지한다.

공정준비	▶ 재료계량하기 ▶ 오븐예열 및 도구 준비 ▶ 중탕물 준비 ▶ 가루 체치기(박력분, 베이킹파우더) ▶ 호두 굽기 ▶ 건포도 전처리하기(적포도주)	요구 point	▶ 재료계량 : 9분 ▶ 크림법 제조 ▶ 반죽온도 : 24℃ ± 1 ▶ 컵케이크 20개 제조 ▶ 반죽 전량 사용 제출 ▶ 구운 후, 적포도주 퐁당 바르기
준비물(도구)	고무주걱, 나무주걱, 가루체, 비닐, 머핀컵 20개, 유산지컵 20장, 온도계, 짤주머니, 카드스크래퍼, 붓, 평철판 1장		

01 재료를 기준 시간 내에 정확하게 계량

02 버터를 부드럽게 풀고 설탕, 소금을 넣고 크림화한다.

03 달걀을 3~4회 나누어 넣으며 부드러운 크림상태로 만든다.

04 전처리한 호두와 건포도에 약간의 밀가루를 입혀준다.

05 체친 가루(박력분, 베이킹파우더)를 넣고 혼합한다.

06 반죽에 전처리한 호두와 건포도를 혼합한다.

07 적포도주를 넣고 혼합한다.

08 반죽온도 체크 : 24℃ ±1 (23~25℃)

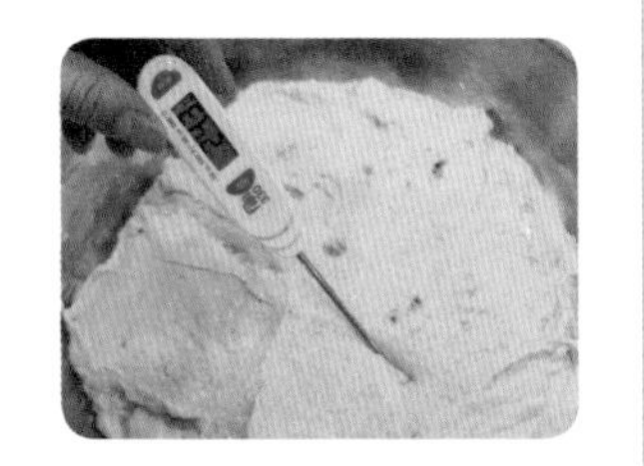

09 짤주머니에 반죽을 담는다.

10 머핀틀에 유산지컵을 깔고 틀 높이의 약 70% 팬닝(주어진 틀의 개수에 맞게)

11 오븐 온도 윗불 180℃/아랫불 160℃에 약 25~30분 굽는다.

12 퐁당용 재료를 섞어 준비한다.
(분당 80g+적포도주 20g)

13 제품이 구워지면 퐁당 시럽을 신속하게 바르고 오븐에 다시 넣는다. 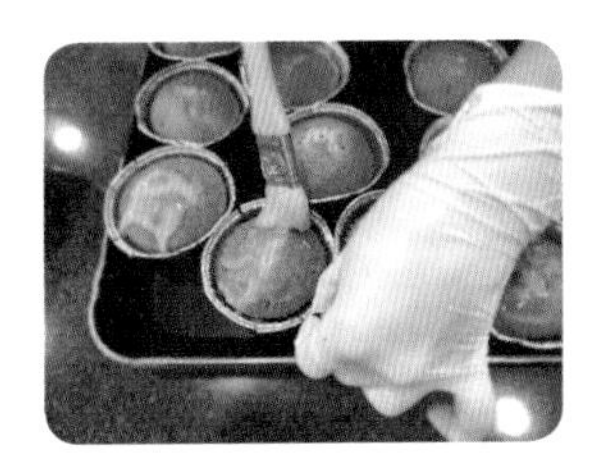	**14** 오븐에서 약 3분 건조 후 크리스탈 결정화가 되면 꺼낸다. 	

※ 퐁당 시럽의 수분이 건조되는 시점까지 굽는다.
※ 크리스탈 결정화가 될 때까지

최종 제품평가

껍질 : 윗면은 먹음직스러운 황갈색에 크리스탈 결정화가 되어야 하고 옆면과 밑면에 약간의 색이 균일하게 표현되어야 하며 포도주 시럽의 껍질이 부드러워야 한다.
껍질이 크리스탈 결정화가 되지 않으면 감점된다.

부피 : 컵의 크기에 맞게 부피감이 있어야 하며 너무 낮거나 흘러넘치면 감점이다.

균형 : 크기가 일정하고 찌그러지지 않아야 한다.

내상 : 내부에 충전물이 골고루 분포되어야 하고 큰 기공 없이 조직이 균일해야 한다.

맛향 : 포도주 맛과 부드러운 버터의 향이 조화를 잘 이루어야 한다.

※ 윗면에 크리스탈 결정화가 일정하게 표현되어야 한다.
팬닝 개수를 잘 맞추고 최종크기를 일정하게 한다.

버터쿠키

시험시간	2시간	제조방법	크림법

	비율(%)	재료명	무게(g)
배합표	100	박력분	400
	70	버터	280
	50	설탕	200
	1	소금	4
	30	달걀	120
	0.5	바닐라향	2
	251.5	계	1,006

<table>
<tr><td rowspan="1">요구
사항</td><td colspan="3">※ 버터쿠키를 제조하여 제출하시오.
❶ 배합표의 각 재료를 계량하여 재료별로 진열하시오.(6분)
• 재료계량(재료당 1분)→[감독위원 계량 확인]→작품제조 및 정리정돈(전체 시험시간-재료계량시간)
• 재료계량시간 내에 계량을 완료하지 못하여 시간이 초과한 경우 및 계량을 잘못한 경우는 추가의 시간부여 없이 작품제조 및 정리정돈 시간을 활용하여 요구사항의 무게대로 계량
• 달걀의 계량은 감독위원이 지정하는 개수로 계량
❷ 반죽은 크림법으로 수작업하시오.
❸ 반죽온도는 22℃를 표준으로 하시오.
❹ 별 모양깍지를 끼운 짤주머니를 사용하여 2가지 모양 짜기를 하시오.
(8자형, 장미모양)
❺ 반죽은 전량을 사용하여 성형하시오.</td></tr>
<tr><td>공정
준비</td><td>▶ 재료계량하기
▶ 오븐예열 및 도구 준비
▶ 가루 체치기
(박력분, 바닐라향)</td><td>요구
point</td><td>▶ 재료계량 : 6분
▶ 크림법 제조
▶ 반죽온도 : 22℃ ± 1
▶ 장미형, 8자형 제조, 별깍지 사용
▶ 반죽 전량 사용 성형</td></tr>
<tr><td>준비물
(도구)</td><td colspan="3">고무주걱, 나무주걱, 가루체, 별깍지, 온도계, 짤주머니, 카드스크래퍼, 평철판 2판, 비닐</td></tr>
</table>

01 재료를 기준 시간 내에 정확하게 계량

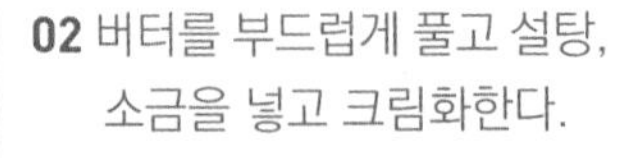

02 버터를 부드럽게 풀고 설탕, 소금을 넣고 크림화한다.

03 달걀을 2~3회 나누어 넣으며 부드러운 크림상태로 만든다.

04 체친 가루(박력분, 바닐라향)를 섞는다.

05 주걱으로 가루를 가볍게 섞어준다.
반죽온도 체크 : 22℃ ±1 (21~23℃)

06 짤주머니에 별깍지를 넣고 철판에 크기, 두께, 간격을 일정하게 짠다.

※ 크키, 두께, 간격을 일정하게 모양별로 팬닝한다.

07 평철판에 장미형을 짜준다.

08 평철판에 8자형을 짜준다.

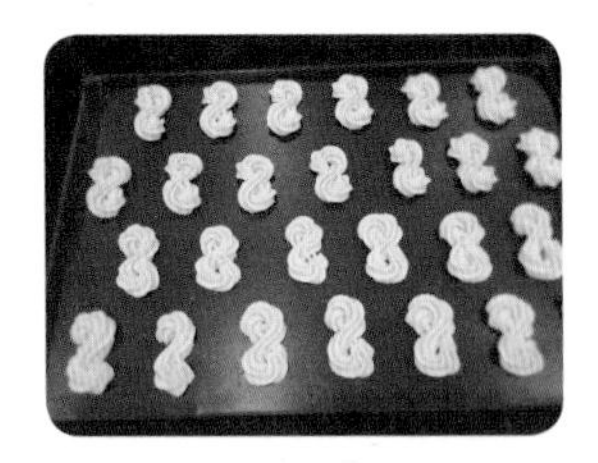

09 오븐 온도 윗불 190℃/아랫불 140℃ 약 12~15분 굽는다.

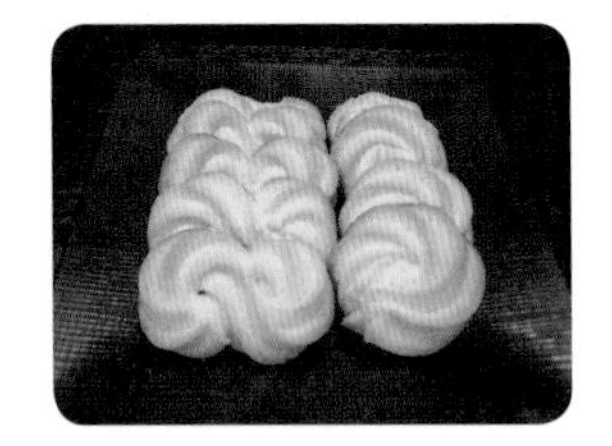

최종 제품평가

껍질 : 윗면은 먹음직스러운 황금갈색이 나야 하고 모양깍지의 줄무늬가 선명해야 하며 옆면과 바닥의 색이 균일하게 표현되어야 한다.
껍질 색상이 일정하지 않으면 감점된다.

부피 : 버터쿠키의 퍼짐이 일정하고 부피감이 있어야 한다.

균형 : 8자의 라인 균형이 일정해야 하며 크기와 두께가 균일해야 한다.

내상 : 내부 기공이 크지 않아야 하고 조직이 균일해야 한다.

맛향 : 식감이 부드러워야 하며 버터쿠키의 풍미가 있어야 한다.

※ 장미모양 지름은 약 3cm 크기로 두께를 일정하게 짠다.
막싱을 오래하면 쿠키가 많이 퍼지고 모양깍지로 짜준 줄무늬가 없어지며 식감이 푸석푸석해진다.
가루를 넣고 오래 섞으면 글루텐이 형성되어 짜기 어렵다.
장미모양, 8자형 각각 같은 모양별로 팬닝한다.

치즈 케이크

시험시간	2시간 30분	제조방법	별립법

	비율(%)	재료명	무게(g)
배합표	100	중력분	80
	100	버터	80
	100	설탕(A)	80
	100	설탕(B)	80
	300	달걀	240
	500	크림치즈	400
	162.5	우유	130
	12.5	럼주	10
	25	레몬주스	20
	1,400	계	1,120

<table>
<tr><td>요구
사항</td><td colspan="3">※ 치즈 케이크를 제조하여 제출하시오.
❶ 배합표의 각 재료를 계량하여 재료별로 진열하시오.(9분)
• 재료계량(재료당 1분)→[감독위원 계량 확인]→작품제조 및 정리정돈(전체 시험시간-재료계량시간)
• 재료계량시간 내에 계량을 완료하지 못하여 시간이 초과한 경우 및 계량을 잘못한 경우는 추가의 시간부여 없이 작품제조 및 정리정돈 시간을 활용하여 요구사항의 무게대로 계량
• 달걀의 계량은 감독위원이 지정하는 개수로 계량
❷ 반죽은 별립법으로 제조하시오.
❸ 반죽온도는 20℃를 표준으로 하시오.
❹ 반죽의 비중을 측정하시오.
❺ 제시한 팬에 알맞도록 분할하시오.
❻ 굽기는 중탕으로 하시오.
❼ 반죽은 전량을 사용하시오.
※ 감독위원은 시험 전 주어진 팬을 감안하여 팬의 개수를 지정하여 공지한다.</td></tr>
<tr><td>공정
준비</td><td>▶ 재료계량하기
▶ 오븐예열 및 도구 준비
▶ 가루 체치기(중력분)
▶ 노른자/흰자 분리
▶ 치즈 케이크틀 준비
(버터+설탕 바르기)</td><td>요구
point</td><td>▶ 재료계량 : 9분
▶ 반죽온도 : 20℃ ± 1
▶ 비중 : 0.7 ± 0.05 (0.65~0.75)
▶ 치즈 케이크 20개
▶ 반죽 전량 사용
▶ 중탕으로 굽기</td></tr>
<tr><td>준비물
(도구)</td><td colspan="3">고무주걱, 나무주걱, 가루체, 비닐, 손거품기, 온도계, 버너, 중탕물, 치즈 케이크틀 20개, 카드스크래퍼, 짤주머니, 비닐장갑, 높은 평철판, 비중컵, 버터 약간, 설탕 약간</td></tr>
</table>

제조 공정

01 재료를 기준 시간 내에 정확하게 계량	02 팬 준비	03 크림치즈와 버터를 부드럽게 풀어준다.

※ 비닐장갑을 끼고 팬에 버터를 얇게 바른 후 설탕을 묻혀 준비한다.

04 설탕(A)를 넣고 크림화한다.	05 노른자를 넣고 크림화한다.	06 체친 중력분, 우유, 럼주, 레몬주스를 섞는다.

07 흰자에 설탕(B)를 3회 나누어 넣고 70~80% 중간 피크상태의 머랭을 만든다.	08 머랭을 두 번에 나누어 혼합한다.	09 반죽온도 체크 : 20℃ ±1 (19~21℃) 비중체크 : 0.7 ± 0.05 (0.65~0.75)
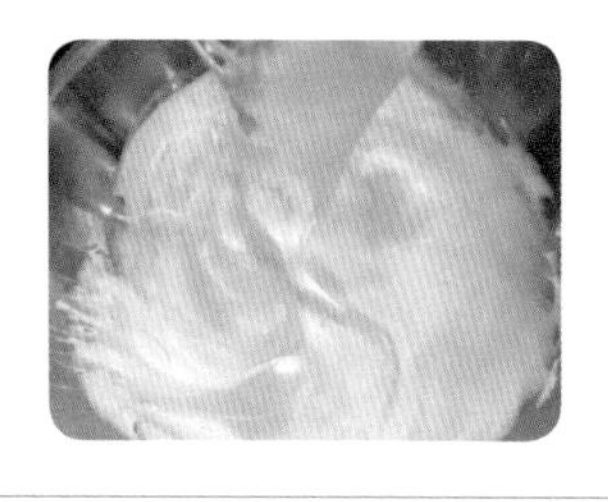	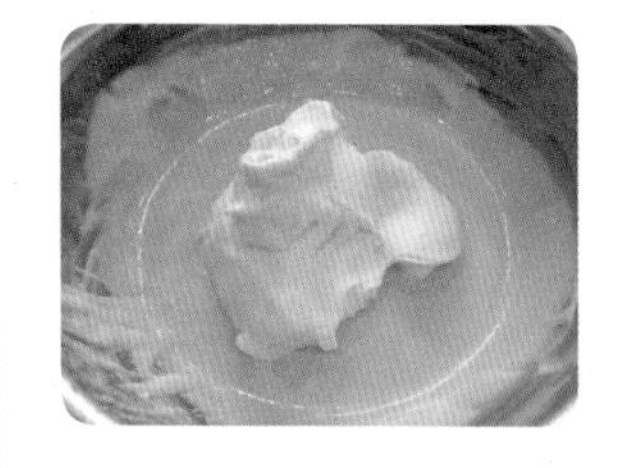	

※ 중간피크(70%)상태는 윤기가 흐르고 주걱으로 찍어 올려봤을 때 독수리부리 모양

10 짤주머니를 이용하여 틀 높이의 약 80~90% 팬닝한다.	11 온도 윗불 160℃/아랫불 150℃로 약 50분 굽는다.	12 색이 난 윗면이 아래로 가도록 뺀다.

※ 중탕할 물을 철판의 절반 정도 부어서 준비한다.(물이 마르지 않도록 주의한다)

최종 제품평가

껍질 : 윗면은 황금갈색으로 굽고 옆면과 밑면의 색이 연하게 동일해야 한다.
표면에 색이 고르게 나야 하며 표면이 갈라지면 감점된다.

부피 : 전체적으로 부피가 균일해야 하며 부피감이 너무 작으면 감점된다.

균형 : 윗면이 좌우 균형을 이루어야 하고 찌그러지거나 균형이 맞지 않으면 감점된다.

내상 : 머랭 또는 가루가 없어야 하고 내부 조직은 기공이 없이 균일해야 한다.

맛향 : 식감이 부드러워야 하며 치즈 케이크 특유의 맛과 향이 조화를 이루어야 한다.

※ 반죽하기 전 팬 준비를 먼저 한다.
반죽용 머랭이 단단하게 만들어지지 않도록 주의해서 휘핑한다.
오븐에서 굽는 동안 중탕물이 부족하면 윗면이 터지고 밑면, 옆면에 색이 난다.

호두파이

시험시간	2시간 30분	제조방법	블렌딩법

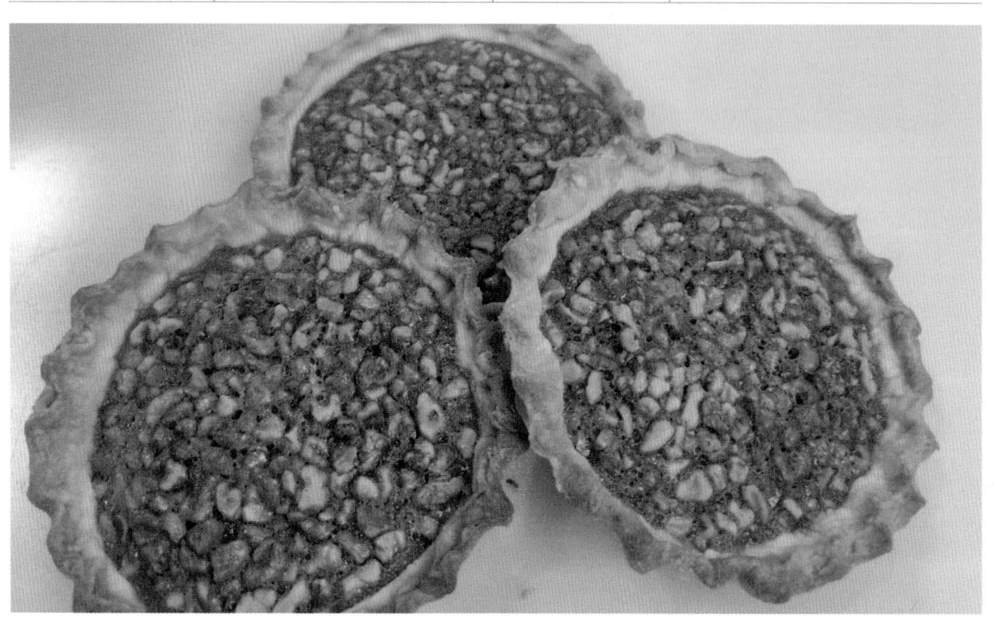

배합표

껍질			충전물 (※ 계량시간에서 제외)		
비율(%)	재료명	무게(g)	비율(%)	재료명	무게(g)
100	중력분	400	100	호두	250
10	노른자	40	100	설탕	250
1.5	소금	6	100	물엿	250
3	설탕	12	1	계피가루	2.5(2)
12	생크림	48	40	물	100
40	버터	160	240	달걀	600
25	물	100	581	계	1,452.5 (1,452)
191.5	계	766			

<table>
<tr><td>요구
사항</td><td colspan="3">

※ **호두파이를 제조하여 제출하시오.**
❶ 배합표의 각 재료를 계량하여 재료별로 진열하시오.(7분)
(충전물·토핑 등의 재료는 휴지시간을 활용하시오)
• 재료계량(재료당 1분)→[감독위원 계량 확인]→작품제조 및 정리정돈(전체 시험시간-재료계량시간)
• 재료계량시간 내에 계량을 완료하지 못하여 시간이 초과한 경우 및 계량을 잘못한 경우는 추가의 시간부여 없이 작품제조 및 정리정돈 시간을 활용하여 요구사항의 무게대로 계량
• 달걀의 계량은 감독위원이 지정하는 개수로 계량
❷ 껍질에 결이 있는 제품으로 손 반죽으로 제조하시오.
❸ 껍질 휴지는 냉장온도에서 실시하시오.
❹ 충전물은 개인별로 각자 제조하시오. (호두는 구워서 사용)
❺ 구운 후 충전물의 층이 선명하도록 제조하시오.
❻ 제시한 팬 7개에 맞는 껍질을 제조하시오.
(팬 크기가 다를 경우 크기에 따라 가감)
❼ 반죽은 전량을 사용하여 성형하시오.

</td></tr>
<tr><td>공정
준비</td><td>▶ 재료계량하기
▶ 오븐예열 및 도구 준비
▶ 가루 체치기(중력분)
▶ 틀 준비(버터 바르기)</td><td>요구
point</td><td>▶ 재료계량 : 7분
▶ 껍질 반죽은 수작업
▶ 냉장휴지 15~20분
▶ 호두는 구워서 사용
▶ 반죽은 전량을 사용하여 성형</td></tr>
<tr><td>준비물
(도구)</td><td colspan="3">고무주걱, 나무주걱, 손거품기, 가루체, 비닐, 호두파이틀 7개, 밀대, 포크, 온도계, 덧가루, 붓, 평철판, 스크래퍼, 바르기용 버터 소량</td></tr>
</table>

01 재료를 기준 시간 내에 정확하게 계량

02 물에 설탕과 소금을 녹인다.

03 생크림과 노른자를 섞은 후 물과 함께 다시 섞는다.

04 체친 가루(중력분)에 버터를 올리고 스크래퍼를 이용하여 작게 다진다.

05 반죽을 모아, 가운데에 홈을 파고 액체 재료를 혼합하여 한 덩어리를 만든다.

06 반죽이 마르지 않도록 비닐에 싸서 냉장고에 넣어 약 20분 휴지한다.

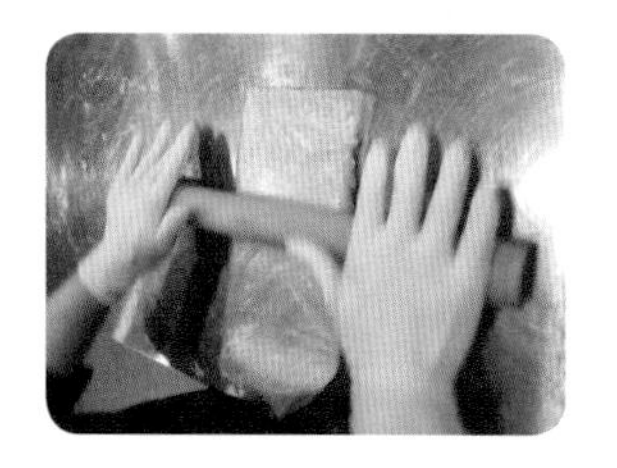

※ 냉장 휴지가 우선이다. 예쁘게 하려고 실온에서 시간 지체하지 않도록 한다.
※ 휴지 완료점 : 손으로 눌렀을 때 수축되지 않고 자국이 남아 있는 상태

07 예열된 오븐에 호두를 3~4분 굽는다.

08 물, 물엿, 설탕, 계피가루를 섞고 설탕이녹을 때까지 가볍게 저으며 중탕한다.

09 풀어놓은 달걀을 조금씩 넣으며 거품이 많이 생기지 않도록 가볍게 섞는다.

10 만들어진 충전물은 체에 한 번 걸러준다.

11 유산지로 기포를 제거한다.

12 파이틀에 버터를 얇게 바른다.

※ 호두파이 반죽 냉장휴지 동안 충전물을 완성한다.

13 휴지시킨 반죽을 덧가루 넣고 치댄 후 밀대로 두께 0.3cm로 밀어편다.(7개) 	**14** 호두파이 틀에 맞게 팬닝한 후 바닥을 포크로 구멍을 낸다. 	**15** 물결 모양이 나오도록 정형한다. 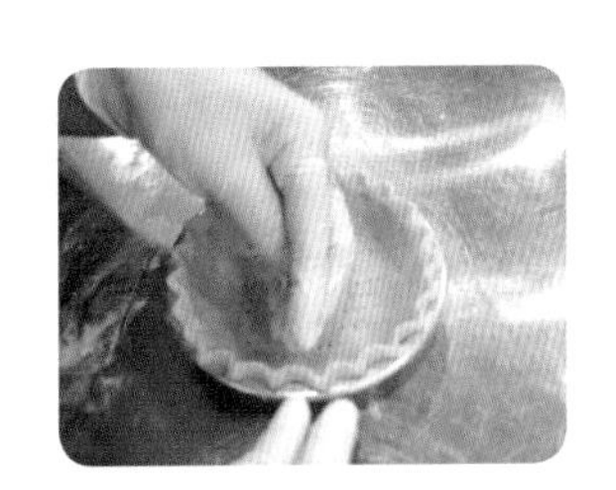
16 호두와 충전물(약 70~80%)을 일정하게 넣는다. (7개 제조) 	**17** 오븐 온도 윗불 180℃/190℃에서 약 30~35분 굽는다. 	**18** 완성품 

최종 제품평가

껍질 : 호두파이 반죽의 옆면과 바닥의 색이 균일하게 표현되어야 한다.
파이 껍질은 황금갈색이 나야 하며 호두가 골고루 뿌려져 있어야 한다.
충전물이 흘러넘치거나 밑면이 타면 감점된다.

부피 : 충전물의 양이 넘치거나 낮지 않아야 하며 부피감이 있어야 한다.

균형 : 찌그러짐이 없이 솟아 있지 않아야 하며 형태가 균일하고 대칭을 이뤄야 한다.
밑면이 움푹 파이거나 호두파이 반죽의 두께가 일정하지 않으면 감점된다.

내상 : 섞이지 않은 재료가 없어야 하며 충전물의 비율이 균일하고 층이 선명해야 한다.

맛향 : 껍질의 바삭함과 충전물의 부드러운 식감이 조화를 이루어야 한다.
탄 냄새가 나고 식감이 딱딱하면 감점된다.

※ 덧가루를 많이 사용하거나 과하게 반죽하면 표면이 갈라지고 식감이 딱딱해진다.
모양 찍고 남은 반죽은 계속 섞어서 사용하지 말고 마지막에 모아서 사용한다.
치댄 반죽을 한 번에 밀어펴지 않고 2개로 나눠 밀면 편리하다.
쿠키의 두께가 일정해야 오븐에서 타는 제품이 발생하지 않는다.
밀어편 반죽을 손으로 옮길 경우 반죽이 찢어질 수 있으므로 밀대에 감아 옮긴다.

초코 롤 케이크

시험시간	1시간 50분	제조방법	공립법

배합표

비율(%)	재료명	무게(g)
100	박력분	168
285	달걀	480
128	설탕	216
21	코코아파우더	36
1	베이킹소다	2
7	물	12
17	우유	30
559	계	944

※ 충전용 재료는 계량시간에서 제외

비율(%)	재료명	무게(g)
119	다크커버춰	200
119	생크림	200
12	럼	20

<table>
<tr><td>요구사항</td><td colspan="3">

※ 초코 롤 케이크를 제조하여 제출하시오.

❶ 배합표의 각 재료를 계량하여 재료별로 진열하시오.(7분)

- 재료계량(재료당 1분)→[감독위원 계량 확인]→작품제조 및 정리정돈(전체 시험시간-재료계량시간)
- 재료계량시간 내에 계량을 완료하지 못하여 시간이 초과한 경우 및 계량을 잘못한 경우는 추가의 시간부여 없이 작품제조 및 정리정돈 시간을 활용하여 요구사항의 무게대로 계량
- 달걀의 계량은 감독위원이 지정하는 개수로 계량

❷ 반죽은 공립법으로 제조하시오.
❸ 반죽온도는 24℃를 표준으로 하시오.
❹ 반죽의 비중을 측정하시오.
❺ 제시한 철판에 알맞도록 팬닝하시오.
❻ 반죽은 전량을 사용하시오.
❼ 충전용 재료는 가나슈를 만들어 제품에 전량 사용하시오.
❽ 구운 시트 윗면에 가나슈를 바르고, 원형이 잘 유지되도록 말아 제품을 완성하시오. (반대 방향으로 롤을 말면 성형 및 제품평가 해당 항목 감점)

</td></tr>
<tr><td>공정준비</td><td>▶ 재료계량하기
▶ 오븐예열 및 도구 준비
▶ 가루 체치기
(박력분, 코코아파우더, 베이킹소다)
▶ 중탕물 준비</td><td>요구 point</td><td>▶ 재료계량 : 7분
▶ 반죽온도 : 24℃ ± 1
▶ 비중 : 0.45 ± 0.05 (0.4~0.5)
▶ 반죽 전량 사용</td></tr>
<tr><td>준비물(도구)</td><td colspan="3">고무주걱, 나무주걱, 손거품기, 가루체, 비닐, 유산지 1장, 가위, 높은 평철판, 비중컵, 저울, 온도계, 광목천, 비닐짤주머니, L자 스패출라, 버너, 중탕물</td></tr>
</table>

01 재료를 기준 시간 내에 정확하게 계량

02 계란을 풀어준 후 설탕을 넣고 섞는다.

03 중탕온도는 37~43℃

※ 고속으로 휘핑 후 완료점에서 저속으로 살짝 돌려 불규칙한 기포를 안정화한다.

※ 반죽을 찍어서 들었을 때 2~3방울만 떨어지면 완성

04 중탕 완료 후 휘핑한다.

05 체친 가루를 가볍게 혼합한다.(박력분, 코코아파우더, 베이킹소다)

06 우유와 물을 넣고 혼합한다.

07 반죽온도 체크 : 24℃ ±1 (23~25℃)
비중체크 : 비중 0.45 ± 0.05 (0.4~0.5)

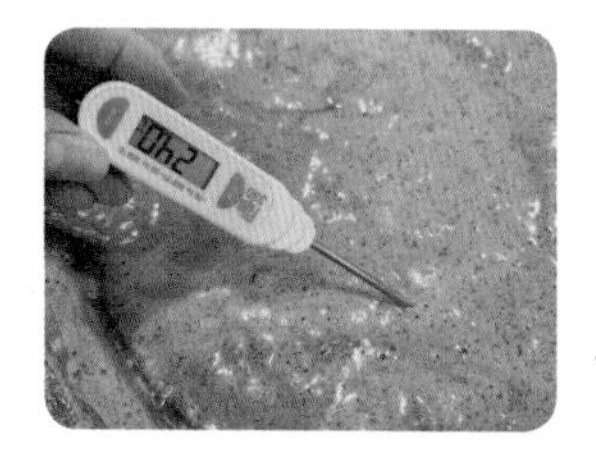

08 평철판에 종이를 깔고 반죽을 팬닝하여 윗면을 고르게 편다.

09 오븐 온도 윗불 190℃/아랫불 160℃에 약 12~15분 굽는다.

10 타공팬에서 식힌다.

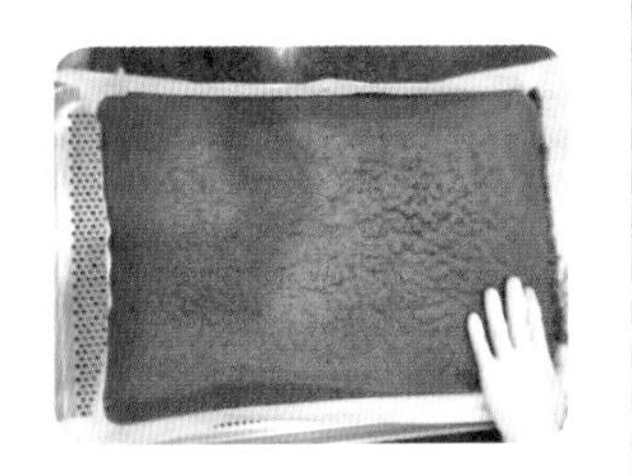

11 생크림을 끓여 작게 다진 초콜릿을 넣고 가볍게 저으며 가나슈를 제조한다.

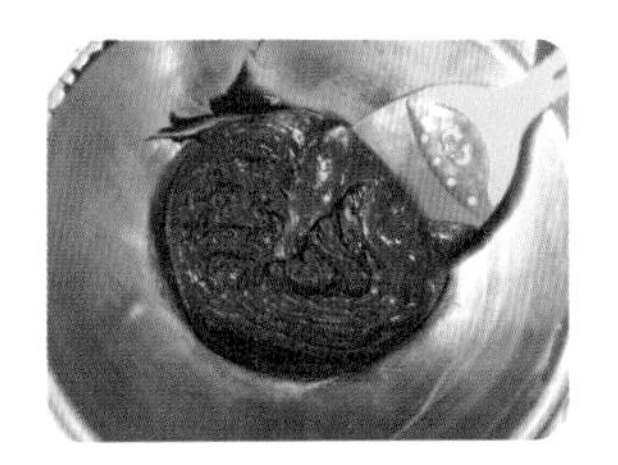

12 식힌 후 젖은 천에 시트를 뒤집고 가나슈를 골고루 발라 균형 있게 말아준다.

※ 기존 롤과 다르게 윗면에 크림을 바르고 말아준다.

13 젖은 천을 이용하여 말아놓은 제품을 약 1~2분 고정한다.

14 천에서 풀어준다.

최종 제품평가

껍질 : 윗면은 먹음직스러운 엷은 초콜릿색이 균일하게 표현되어야 한다.
말린 표면에 가루 덩어리가 있으면 감점된다.

부피 : 지름이 약 8cm 정도로 볼륨이 있어야 하며 부피감이 작거나 너무 크면 감점이다.

균형 : 윗면이 갈라지지 않아야 하며 좌우 균형을 이루어야 하고 찌그러지거나 주름이 잡히면 감점된다.

내상 : 큰 기공이 없고 섞이지 않은 가루가 없어야 하며 내부 조직이 조밀하지 않고 균일해야 한다.

맛향 : 가나슈가 골고루 발라져 맛이 달지 않아야 하고 식감이 부드러워야 하며 초코 롤 케이크의 풍미와 향이 나야 한다.

※ 가나슈를 미리 만들어 냉장고에 넣어 되기를 조절한다.
오븐에서 나온 윗면에 가나슈를 바르고 말아야 한다. (기존 롤과 다르므로 주의한다)
롤을 원통형으로 말 때 앞부분을 잘 접어 누르며 말기 시작하여 중간부터는 힘을 빼고 말아주고 끝부분을 누르며 고정시킨다.

제빵기능사

빵도넛

시험시간	3시간	제조방법	스트레이트법

	비율(%)	재료명	무게(g)
배합표	80	강력분	880
	20	박력분	220
	10	설탕	110
	12	쇼트닝	132
	1.5	소금	16.5(16)
	3	탈지분유	33(32)
	5	이스트	55(56)
	1	제빵개량제	11(10)
	0.2	바닐라향	2.2(2)
	15	달걀	165(164)
	46	물	506
	0.2	넛메그	2.2(2)
	194	계	2,132.9(2,130)

요구사항	**※ 빵도넛을 제조하여 제출하시오.** ❶ 배합표의 각 재료를 계량하여 재료별로 진열하시오.(12분) • 재료계량(재료당 1분)→[감독위원 계량 확인]→작품제조 및 정리정돈(전체 시험시간-재료계량시간) • 재료계량시간 내에 계량을 완료하지 못하여 시간이 초과한 경우 및 계량을 잘못한 경우는 추가의 시간부여 없이 작품제조 및 정리정돈 시간을 활용하여 요구사항의 무게대로 계량 • 달걀의 계량은 감독위원이 지정하는 개수로 계량 ❷ 반죽은 스트레이트법으로 제조하시오.(단, 유지는 클린업 단계에 첨가하시오) ❸ 반죽온도는 27℃를 표준으로 하시오. ❹ 분할무게는 46g씩으로 하시오. ❺ 모양은 8자형 22개와 트위스트형(꽈배기형) 22개로 만드시오. (남은 반죽은 감독위원의 지시에 따라 별도로 제출하시오)

공정준비	▶ 재료계량하기 ▶ 도구 준비 ▶ 물온도 준비 ▶ 발효실 확인	요구 point	▶ 재료계량 : 12분 ▶ 반죽온도 : 27℃ ± 1 ▶ 스트레이트법 제조
준비물(도구)	스크래퍼, 덧가루(강력분), 온도계, 비닐, 평철판 4장, 저울, 튀김젓가락, 유산지 2장, 튀김체, 비닐장갑		

01 재료를 주어진 시간에 맞게 정확히 계량 (개당 1분)

02 쇼트닝을 제외하고 모든 재료를 혼합한다. 모든 재료가 수화되면 쇼트닝을 넣고 반죽

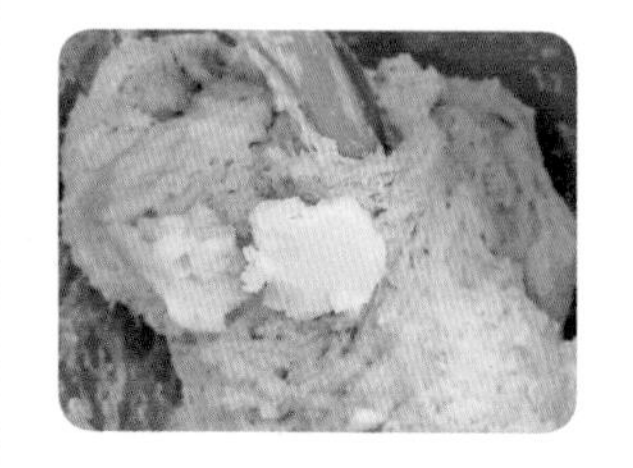

03 반죽의 완료점은 최종단계까지 반죽

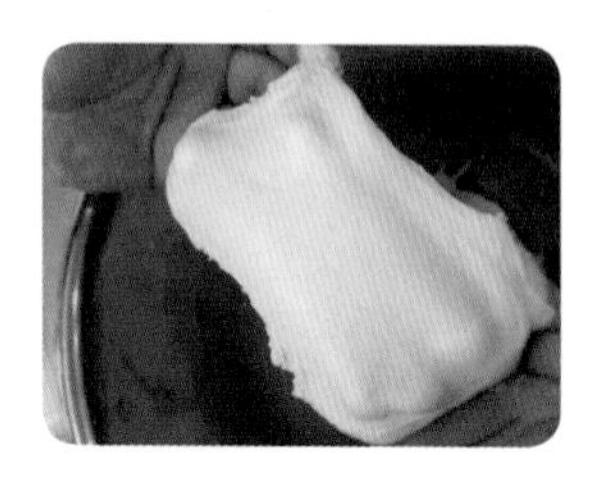

※ 최종단계는 글루텐의 탄력성과 신장성이 최대이다. 최종단계까지 반죽한다.

04 반죽온도 체크 : 27℃ ±1 (26~28℃)

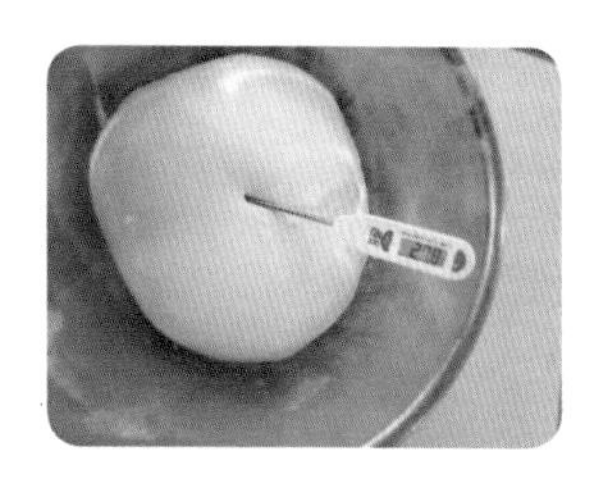

05 1차 발효기 온도 27℃, 습도 75~80% 약 40~45분 동안 1차 발효한다.

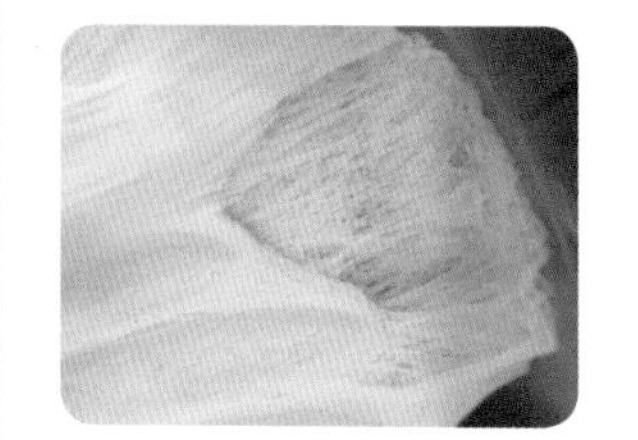

06 분할 중량 46g씩 44개 분할한다.
남은 반죽은 감독위원의 지시에 따른다.

07 둥글리기 후 한 번 밀어주고 비닐 덮어 실온에서 약 10분 동안 중간발효한다.

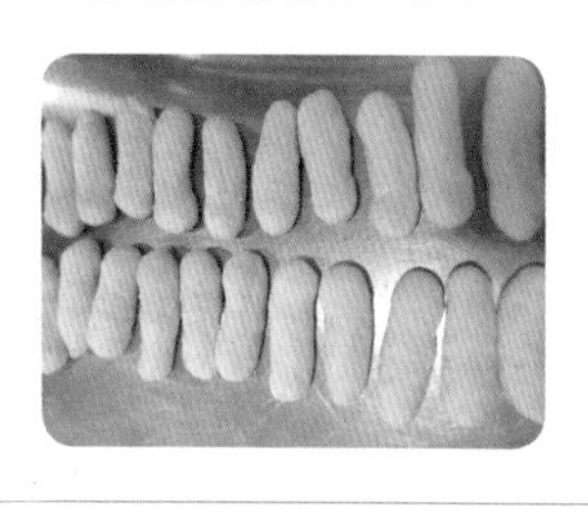

08 두께가 일정하게 약 30cm로 밀어준다.

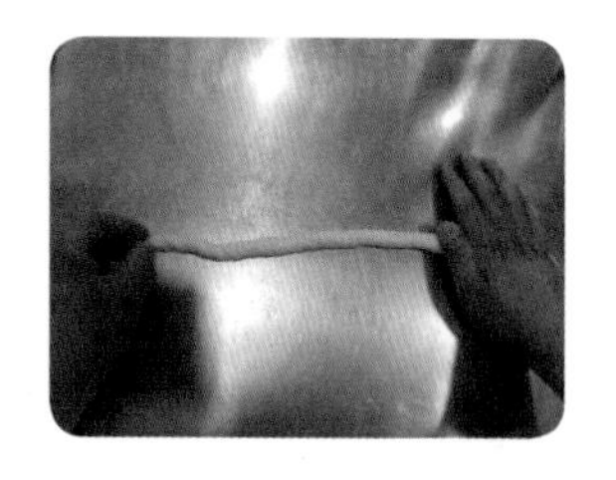

09 8자형 모양으로 정형 후 팬닝

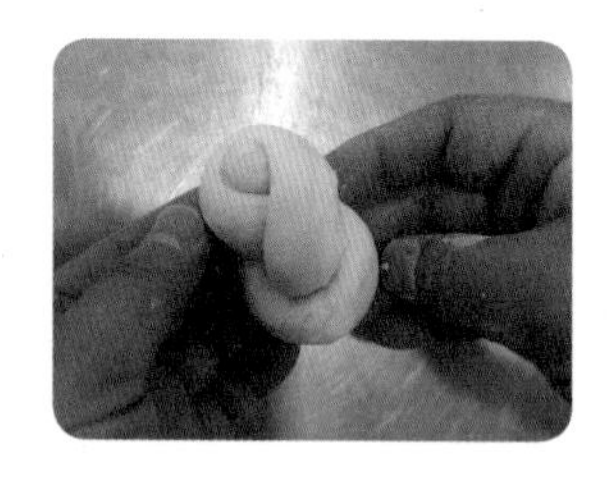

※ 8자형은 25cm로 밀어펴고 꽈배기형은 30cm로 밀어펴서 정형하여 팬닝한다.

10 꽈배기형 모양으로 정형 후 팬닝	**11** 2차 발효 온도 32~35℃, 습도 75~80% 약 30~35분 발효한다.(상태확인)	**12** 발효시간 동안 기름을 180~185℃로 예열한다.
		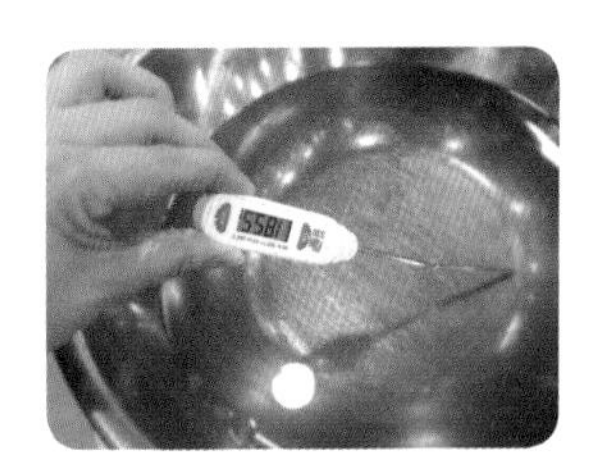

※ 2차 발효 이후 실온에서 잠시 건조시킨다.

13 예열된 기름에 튀긴다.	**14** 기름을 빼고 계피설탕을 묻힌다.	

※ 2차 발효가 오버되지 않도록 주의하고 기름 온도를 잘 확인한다.

최종 제품평가

껍질 : 윗면은 황금갈색으로 튀기고 옆면과 밑면의 색도 균일하게 나야 한다.
8자형과 꽈배기 모양이 풀리거나 껍질에 기포가 생기면 감점된다.

부피 : 반죽 46g의 부피가 적당해야 하며 크거나 작으면 감점된다.

균형 : 도넛의 모양이 선명하고 볼륨 있는 모양으로 일정하고 대칭이 되어야 한다
옆면이 찌그러지거나 8자형, 꽈배기 모양의 대칭이 맞지 않으면 감점된다.

내상 : 밝고 연한 미색을 띠며 기름이 많이 흡수되지 않아야 한다.

맛향 : 기름이 스며들어 느끼한 맛이 나지 않아야 하고 도넛의 탄력적인 식감과 향이 좋아야 한다. 기름 맛과 탄 냄새가 나면 감점된다.

※ 2차 발효가 오버되지 않도록 주의하고 발효실 습도를 기존 제품보다 낮춘다.
기름 온도가 낮으면 제품에 많이 스며들고 높으면 타기 때문에 온도에 주의한다.
기름에 넣었을 때 옆면에 띠가 형성될 때까지 기다리고 뒤집어준다.
튀길 때 한 번씩만 뒤집어야 기름이 스며들지 않는다.

소시지빵

시험시간	3시간 30분	제조방법	스트레이트법

배합표

반죽			토핑 및 충전물 (※ 계량시간에서 제외)		
비율(%)	재료명	무게(g)	비율(%)	재료명	무게(g)
80	강력분	560	100	프랑크소시지	(480)
20	중력분	140	72	양파	336
4	생이스트	28	34	마요네즈	158
1	제빵개량제	6	22	피자치즈	102
2	소금	14	24	케찹	112
11	설탕	76	252	계	1,188
9	마가린	62			
5	탈지분유	34			
5	달걀	34			
52	물	364			
189	계	1,318			

<table>
<tr><td>요구
사항</td><td colspan="3">※ 소시지빵을 제조하여 제출하시오.
❶ 배합표의 각 재료를 계량하여 재료별로 진열하시오.(10분)
(토핑 및 충전물 재료의 계량은 휴지시간을 활용하시오)
• 재료계량(재료당 1분)→[감독위원 계량 확인]→작품제조 및 정리정돈(전체 시험시간-재료계량시간)
• 재료계량시간 내에 계량을 완료하지 못하여 시간이 초과한 경우 및 계량을 잘못한 경우는 추가의 시간부여 없이 작품제조 및 정리정돈 시간을 활용하여 요구사항의 무게대로 계량
• 달걀의 계량은 감독위원이 지정하는 개수로 계량
❷ 반죽은 스트레이트법으로 제조하시오.
❸ 반죽온도는 27℃를 표준으로 하시오.
❹ 반죽 분할무게는 70g씩 분할하시오.
❺ 완제품(토핑 및 충전물 완성)은 12개 제조하여 제출하고 남은 반죽은 감독위원이 지정하는 장소에 따로 제출하시오.
❻ 충전물은 발효시간을 활용하여 제조하시오.
❼ 정형 모양은 낙엽 모양 6개와 꽃잎 모양 6개씩 2가지로 만들어서 제출하시오.</td></tr>
<tr><td>공정
준비</td><td>▶ 재료계량하기
▶ 도구 준비
▶ 물온도 준비
▶ 발효실 확인</td><td>요구
point</td><td>▶ 재료계량 : 10분
▶ 반죽온도 : 27℃ ± 1
▶ 스트레이트법 제조</td></tr>
<tr><td>준비물
(도구)</td><td colspan="3">스크래퍼, 덧가루(강력분), 온도계, 비닐, 평철판 2장, 저울, 칼, 도마, 가위</td></tr>
</table>

제조 공정

01 재료를 주어진 시간에 맞게 정확히 계량 (개당 1분)

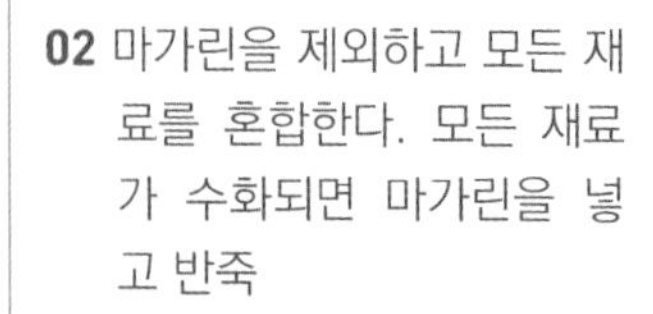

02 마가린을 제외하고 모든 재료를 혼합한다. 모든 재료가 수화되면 마가린을 넣고 반죽

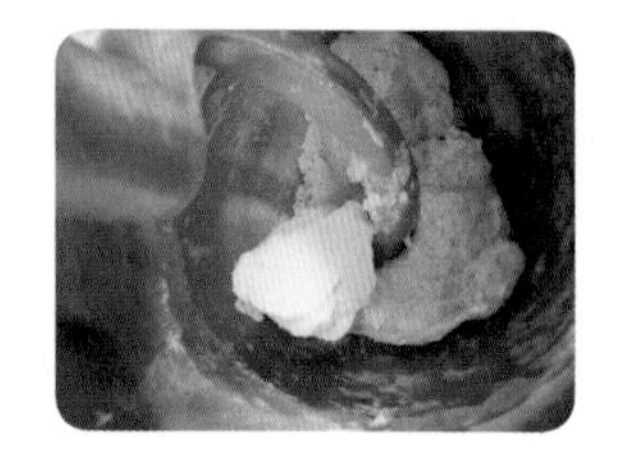

03 반죽의 완료점은 최종단계까지 반죽

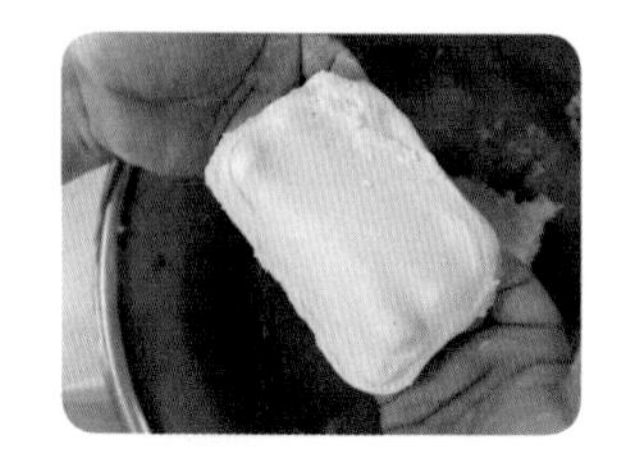

04 반죽온도 체크 : 27℃ ±1 (26~28℃)

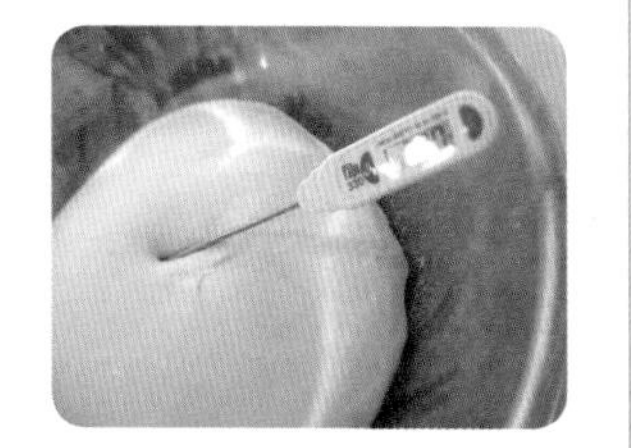

05 〈토핑 제조〉
양파를 작게 썰어 마요네즈에 버무린다.

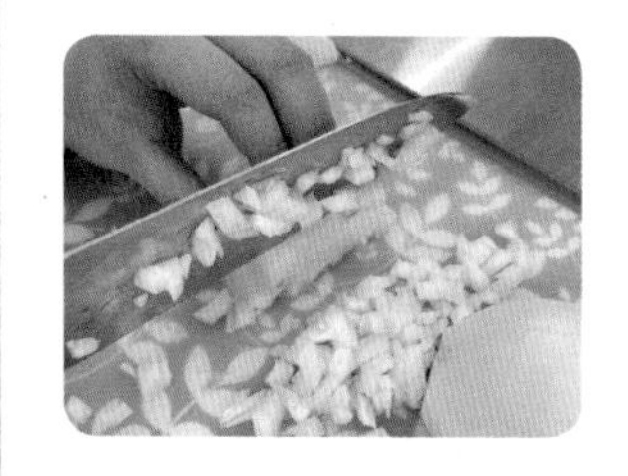

06 케찹을 비닐 짤주머니에 담아 준비한다.

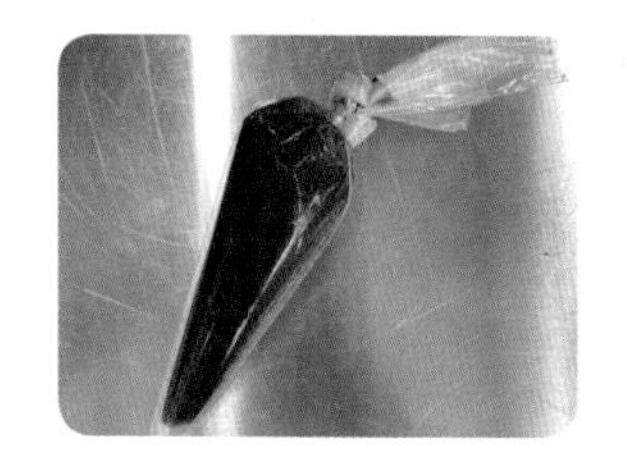

※ 양파를 마요네즈와 버무리면 타지 않고 발효 시 떨어지지 않는다.
※ 케찹 구멍은 작게 자른다.

07 1차 발효기 온도 27℃, 습도 75~80% 약 40~45분 동안 1차 발효한다.

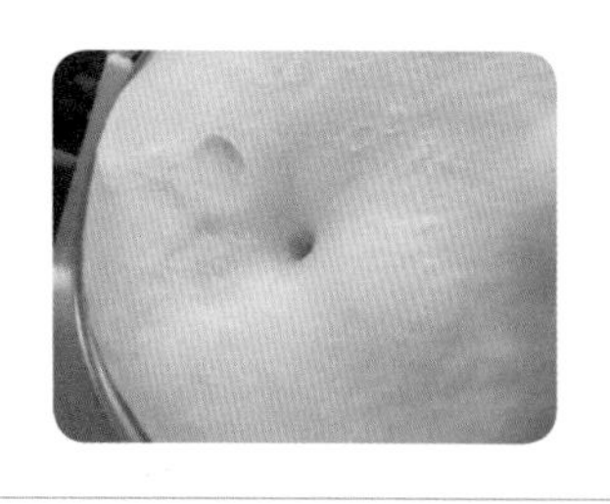

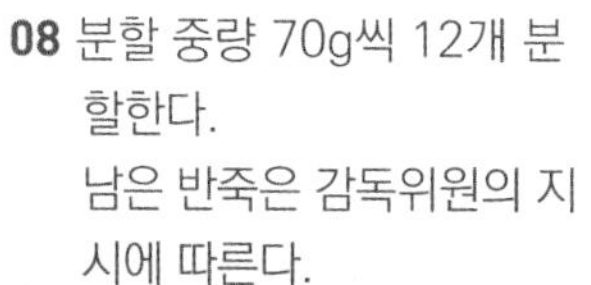

08 분할 중량 70g씩 12개 분할한다.
남은 반죽은 감독위원의 지시에 따른다.

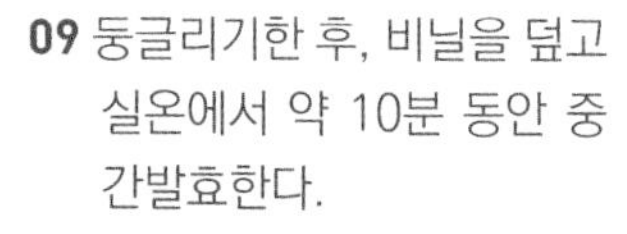

09 둥글리기한 후, 비닐을 덮고 실온에서 약 10분 동안 중간발효한다.

10 길이 약 10cm의 일정한 두께로 밀어펴고 소시지를 올린다.

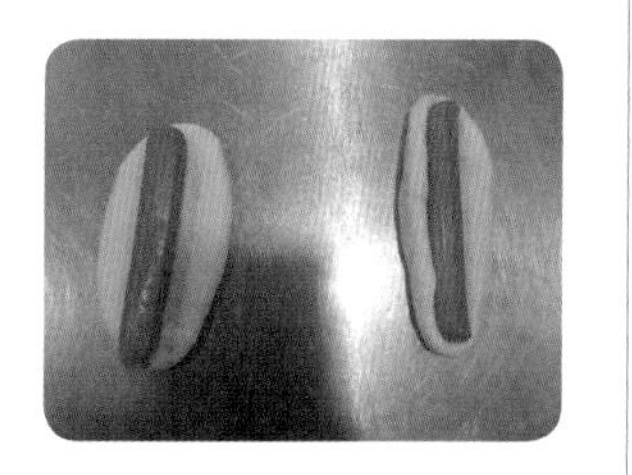

11 소시지를 감싸고 이음매를 봉한다.

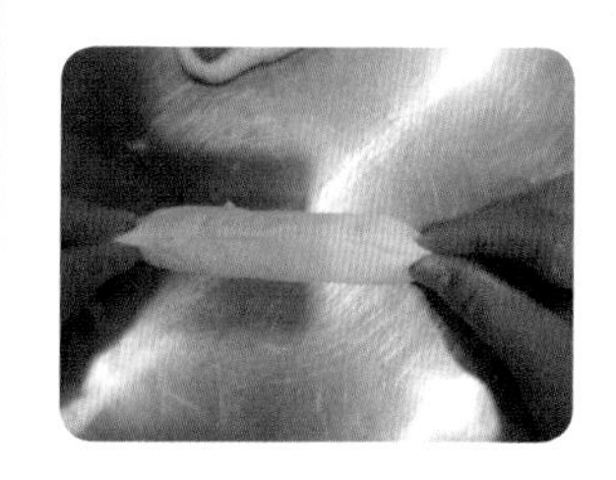

12 일정한 간격으로 6개씩 팬닝한다.

13 낙엽 모양으로 정형한다.

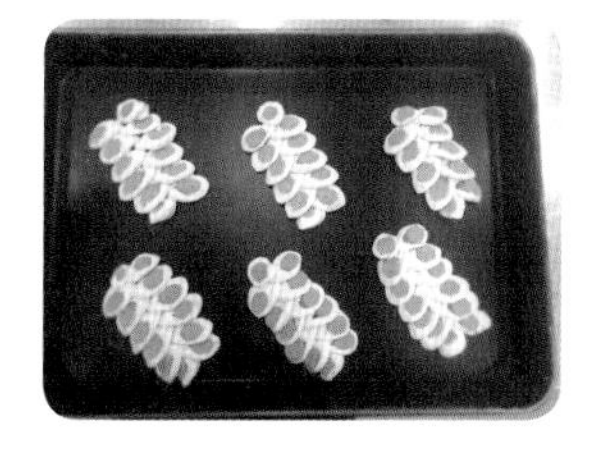

14 꽃잎 모양으로 정형한다.

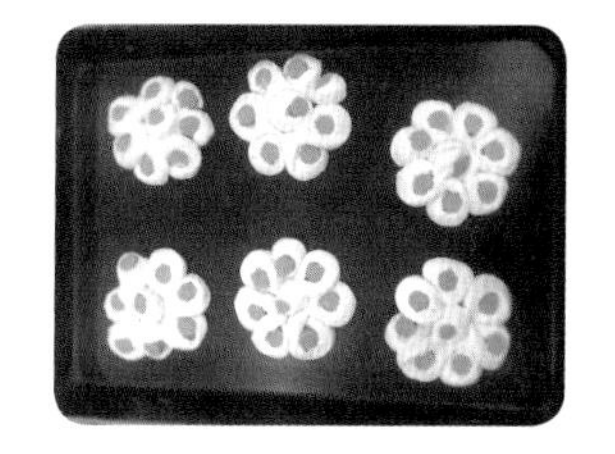

15 2차 발효 온도 35~40℃, 습도 85~90% 약 30~35분 발효한다.(상태확인)

※ 낙엽 모양 : 가위를 45도 각도로 뉘어서 10등분을 한다.
※ 꽃잎 모양 : 가위를 수직으로 세워서 8등분을 한다.

16 마요네즈와 버무린 양파를 올리고 피자치즈를 올린다.

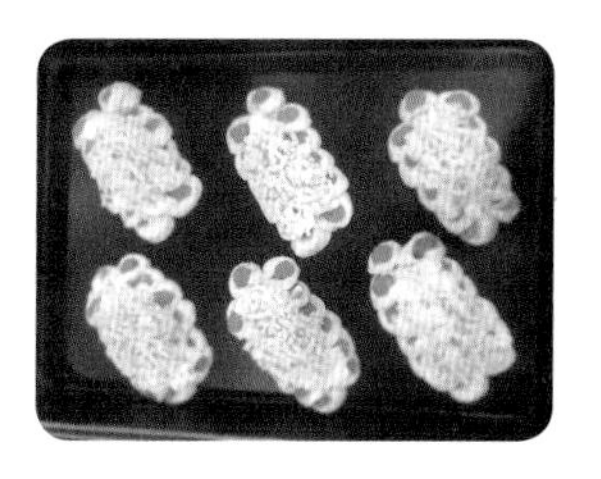

17 일정한 간격으로 케찹을 짠다.

18 오븐 온도 윗불 190℃/아랫불 160℃ 약 15~20분 굽는다.(상태확인)

최종 제품평가

껍질 : 윗면은 황금갈색으로 굽고 옆면과 밑면의 색이 균일하게 나야 한다.
케찹이나 양파가 타면 감점된다.

부피 : 반죽 70g의 부피가 적당히 되어 모양별 크기가 균일해야 한다.
발효가 부족하거나 오버되면 감점된다.

균형 : 빵과 충전물의 양이 균형을 이루고 낙엽 모양과 꽃잎 모양이 나야 한다.
찌그러지거나 균형이 맞지 않으면 감점된다.

내상 : 빵과 소시지 사이에 큰 기공이 없고 조직이 균일하고 부드러워야 한다.

맛향 : 빵과 토핑물의 맛이 잘 어우러지며 씹는 식감과 풍미가 좋아야 한다.
탄 맛이나 냄새가 나면 감점된다.

※ 양파를 마요네즈에 미리 버무리면 물이 생길 수 있으니 사용 전에 버무린다.
토핑을 많이 올리면 빵이 주저앉을 수 있으니 적당량을 토핑한다.
소시지빵 성형 시 가위로 반죽 끝까지 자르지 않도록 한다.

MEMO

식빵(비상스트레이트법)

시험시간	2시간 40분	제조방법	비상스트레이트법

배합표	비율(%)	재료명	무게(g)
	100	강력분	1,200
	63	물	756
	5	이스트	60
	2	제빵개량제	24
	5	설탕	60
	4	쇼트닝	48
	3	탈지분유	36
	1.8	소금	21.6(22)
	183.8	계	2,205.6(2,206)

<table>
<tr><td rowspan="1">요구
사항</td><td colspan="3">※ 식빵(비상스트레이트법)을 제조하여 제출하시오.
❶ 배합표의 각 재료를 계량하여 재료별로 진열하시오.(8분)
• 재료계량(재료당 1분)→[감독위원 계량 확인]→작품제조 및 정리정돈(전체 시험시간-재료계량시간)
• 재료계량시간 내에 계량을 완료하지 못하여 시간이 초과한 경우 및 계량을 잘못한 경우는 추가의 시간부여 없이 작품제조 및 정리정돈 시간을 활용하여 요구사항의 무게대로 계량
• 달걀의 계량은 감독위원이 지정하는 개수로 계량
❷ 비상스트레이트법 공정에 의해 제조하시오.(반죽온도는 30℃로 한다)
❸ 표준분할무게는 170g으로 하고, 제시된 팬의 용량을 감안하여 결정하시오.
(단, 분할무게×3을 1개의 식빵으로 함)
❹ 반죽은 전량을 사용하여 성형하시오.</td></tr>
<tr><td>공정
준비</td><td>▶ 재료계량하기
▶ 도구 준비
▶ 식빵틀 준비
▶ 발효실 확인</td><td>요구
point</td><td>▶ 재료계량 : 8분
▶ 반죽시간 20~25% 증가
▶ 반죽온도 : 30℃ ± 1
▶ 비상스트레이트법 제조
▶ 1차 발효 : 25~30분
▶ 170g 분할, 12개 필요</td></tr>
<tr><td>준비물
(도구)</td><td colspan="3">스크래퍼, 덧가루(강력분), 온도계, 비닐, 식빵틀 4개, 저울, 밀대</td></tr>
</table>

01 재료를 주어진 시간에 맞게 정확히 계량 (개당 1분)

02 쇼트닝을 제외한 모든 재료를 혼합한다. 모든 재료가 수화되면 쇼트닝을 넣고 반죽

03 반죽의 완료점은 최종단계 후기까지 반죽

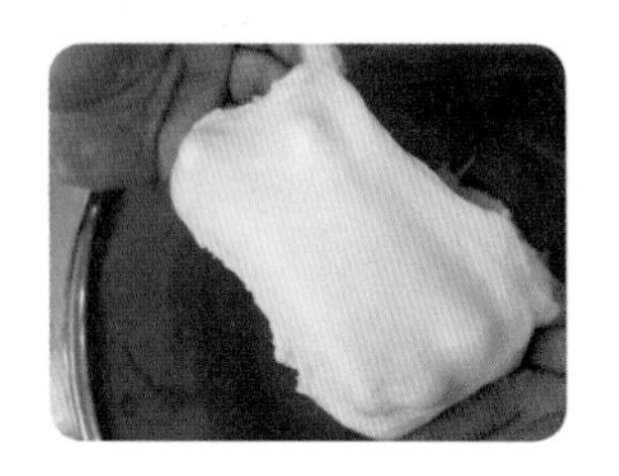

※ 최종단계 후기는 기존 최종단계 완료점보다 20~25% 더 반죽한다.

04 반죽온도 체크 : 30℃ ±1 (29~31℃)

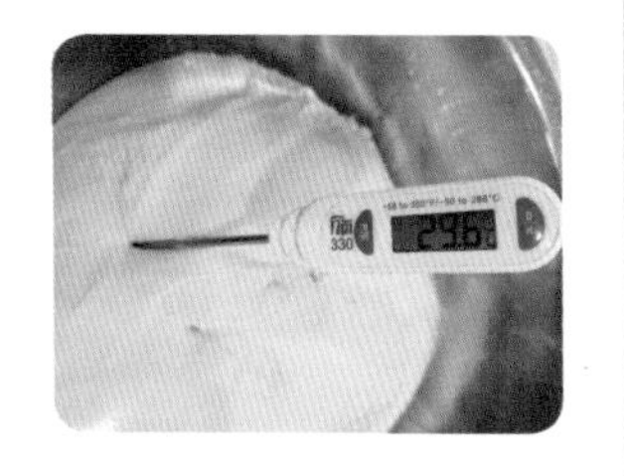

05 발효기 온도 30℃, 습도 75~80%에서 약 25~30분 동안 1차 발효한다.

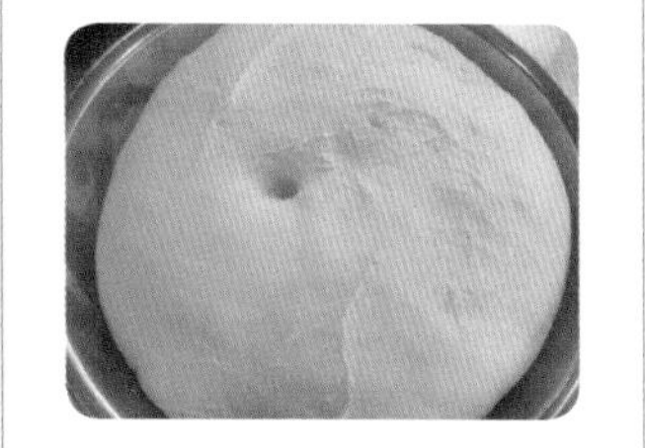

06 분할 중량 170g씩 12개 분할한다.

07 둥글리기한 후 비닐을 덮고 실온에서 약 10분 동안 중간발효한다.

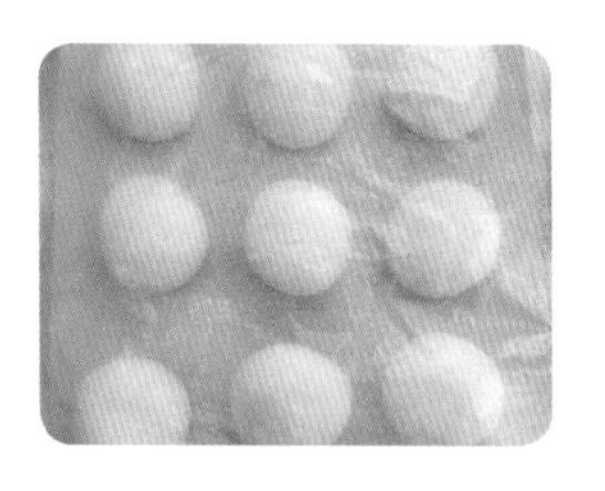

08 중간발효가 완료되면 밀대를 이용하여 반죽을 밀어 편다.

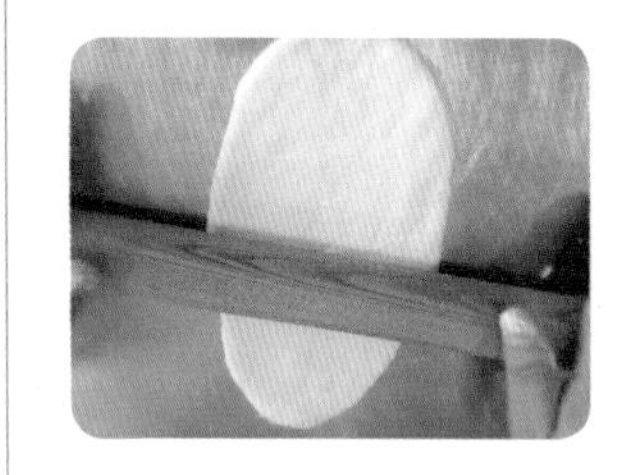

09 밀어편 반죽을 3절 접기한다.

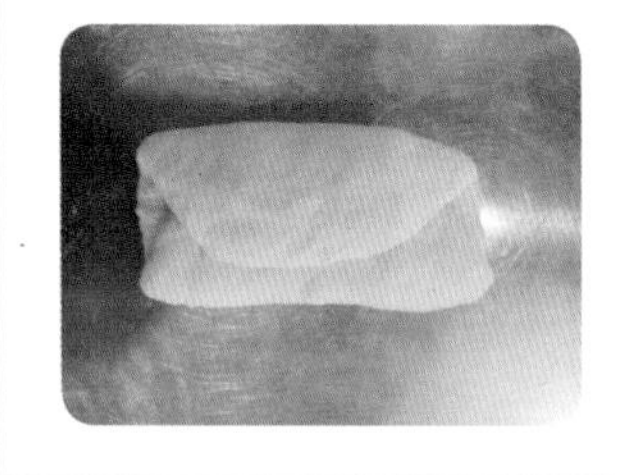

10 접은 반죽을 말아 이음매를 봉한다. 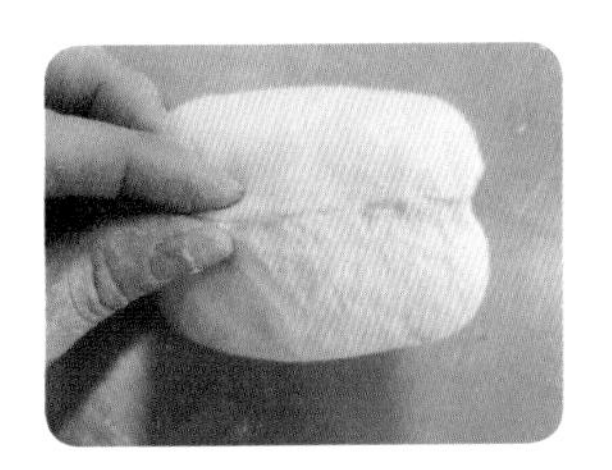	**11** 이음매를 바닥으로 가게 해서 3개씩 팬닝하고 윗면을 손으로 가볍게 누른다. 	**12** 2차 발효 온도 35~40℃, 습도 85~90% 약 25~30분 발효한다.(상태확인) 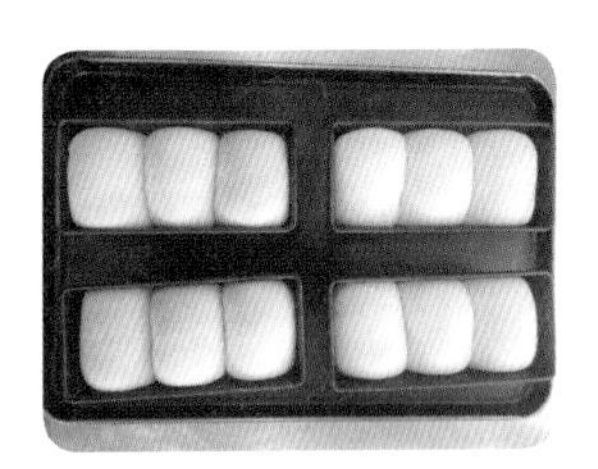
	※ 가볍게 눌러서 바닥의 공기 제거	※ 식빵틀 높이에서 굽는다.(충격주의)
13 오븐 온도 윗불 180℃/아랫불 190℃ 약 30~35분 굽는다.(상태확인) 	**14** 완제품 	

최종 제품평가

껍질 : 윗면은 황금갈색으로 굽고 옆면과 밑면의 색이 고르게 나야 한다.

부피 : 팬 높이보다 약 3cm가량 높아야 하며 크거나 작으면 감점이다.

균형 : 오븐에서 꺼낸 후 옆면이 찌그러지거나 밑면 틈새가 생기면 감점된다.

내상 : 빵을 자른 단면은 기공이 없고 조직이 균일하고 부드러워야 하며 줄무늬, 어두운 색이 나면 감점된다.

맛향 : 식빵의 은은한 향과 식감이 부드럽고 좋아야 한다.

※ 비상스트레이트법은 이스트를 2배 사용하기 때문에 오버발효되지 않도록 주의한다.
정형 시 좌우대칭이 잘 맞아야 완성품이 잘 나온다.
옆면의 껍질이 만들어져야 찌그러지지 않고 주저앉지 않는다.
오래 구워서 옆면이 들어가지 않도록 한다.

단팥빵(비상스트레이트법)

시험시간	3시간	제조방법	비상스트레이트법

배합표

비율(%)	재료명	무게(g)
100	강력분	900
48	물	432
7	이스트	63(64)
1	제빵개량제	9(8)
2	소금	18
16	설탕	144
12	마가린	108
3	탈지분유	27(28)
15	달걀	135(136)
204	계	1,836(1,838)

※ 충전용 재료는 계량시간에서 제외

비율(%)	재료명	무게(g)
-	통팥앙금	960

<table>
<tr><td rowspan="1">요구
사항</td><td colspan="3">※ 단팥빵(비상스트레이트법)을 제조하여 제출하시오.
❶ 배합표의 각 재료를 계량하여 재료별로 진열하시오.(9분)
• 재료계량(재료당 1분)→[감독위원 계량 확인]→작품제조 및 정리정돈(전체 시험시간-재료계량시간)
• 재료계량시간 내에 계량을 완료하지 못하여 시간이 초과한 경우 및 계량을 잘못한 경우는 추가의 시간부여 없이 작품제조 및 정리정돈 시간을 활용하여 요구사항의 무게대로 계량
• 달걀의 계량은 감독위원이 지정하는 개수로 계량
❷ 반죽은 비상스트레이트법으로 제조하시오.
(단, 유지는 클린업 단계에 첨가하고, 반죽온도는 30℃로 한다)
❸ 반죽 1개의 분할무게는 50g, 팥앙금 무게는 40g으로 제조하시오.
❹ 반죽은 24개를 성형하여 제조하고, 남은 반죽은 감독위원의 지시에 따라 별도로 제출하시오.</td></tr>
<tr><td>공정
준비</td><td>▶ 재료계량하기
▶ 도구 준비
▶ 발효실 확인</td><td>요구
point</td><td>▶ 재료계량 : 9분
▶ 반죽시간 20~25% 증가
▶ 반죽온도 : 30℃ ± 1
▶ 비상스트레이트법 제조
▶ 1차 발효 : 25~30분</td></tr>
<tr><td>준비물
(도구)</td><td colspan="3">스크래퍼, 덧가루(강력분), 온도계, 비닐, 평철판 2개, 저울, 헤라</td></tr>
</table>

제조 공정

01 재료를 주어진 시간에 맞게 정확히 계량한다.(개당 1분)

02 버터를 제외하고 모든 재료를 혼합한다. 모든 재료가 수화되면 버터를 넣고 반죽

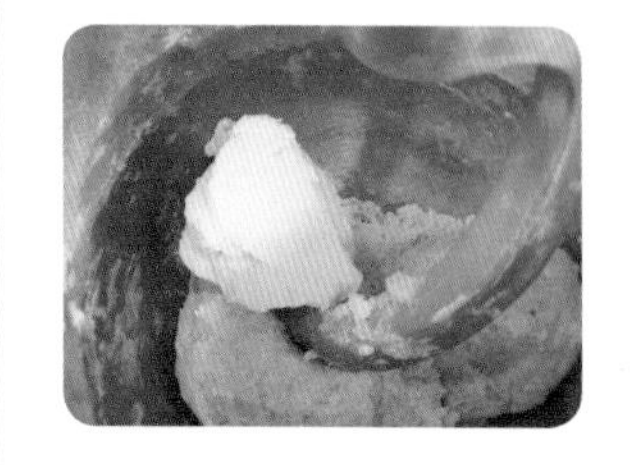

03 반죽의 완료점은 최종단계 후기까지 반죽

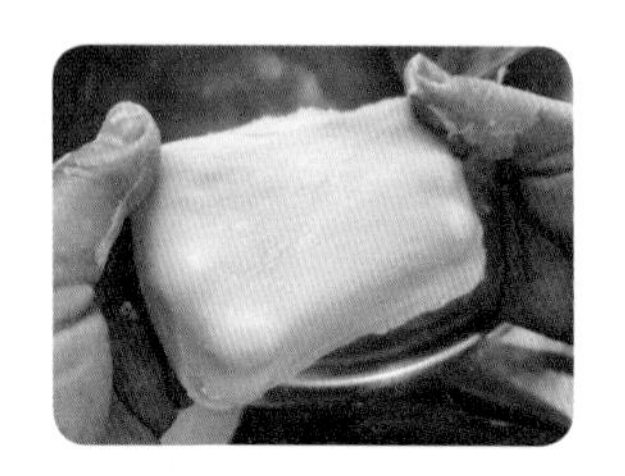

※ 최종단계 후기는 기존 최종단계 완료점보다 20~25% 더 반죽한다.

04 반죽온도 체크 : 30℃ ±1 (29~31℃)

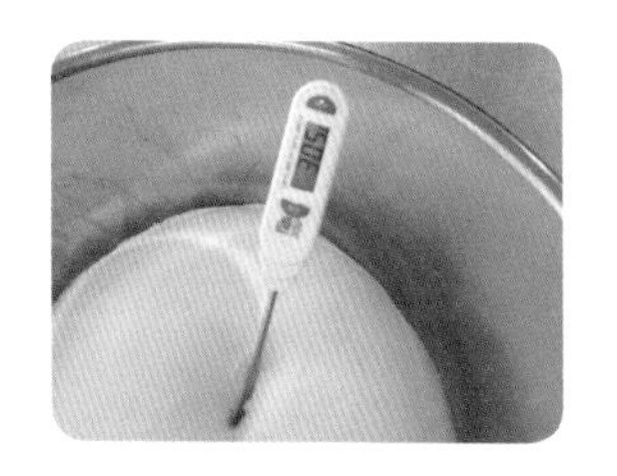

05 발효기 온도 30℃, 습도 75~80%에서 약 25~30분 동안 1차 발효한다.

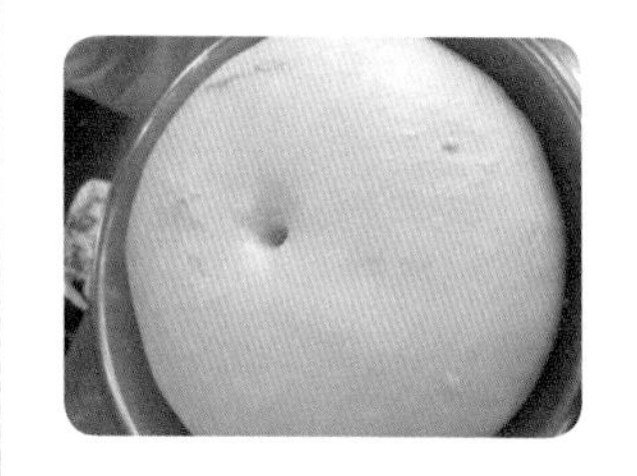

06 분할 중량 50g씩 24개 분할한다. 남은 반죽은 감독위원의 지시에 따른다.

07 둥글리기한 후 비닐을 덮고 실온에서 약 10분 동안 중간발효한다.

08 헤라를 사용하여 팥앙금 40g을 반죽에 감싸준다.

09 이음매를 봉하고 이음매를 바닥으로 팬닝한다.

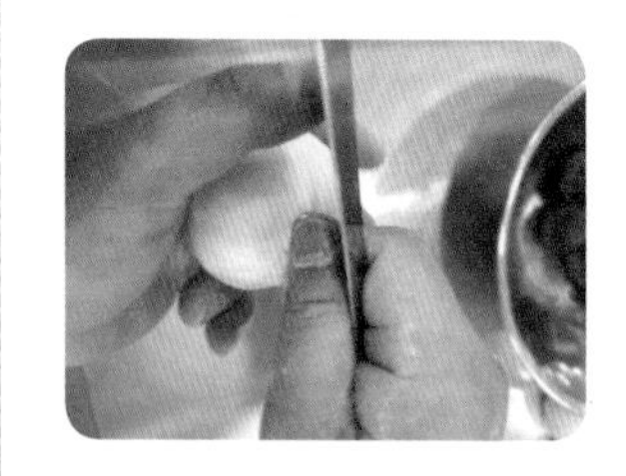

10 일정한 간격으로 12개씩 팬닝하고 목란을 이용하여 중앙을 눌러 구멍낸다.

11 달걀물 칠을 하고 2차 발효한다. 온도 35~40℃, 습도 85~90%, 약 25~30분

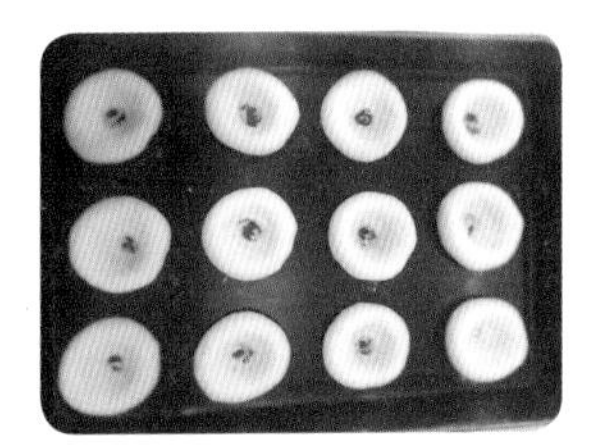

12 오븐 온도 윗불 190℃/아랫불 170℃ 약 15~20분 굽는다.(상태확인)

※ 앙금을 감싸고 중간발효하듯이 비닐을 덮고 약 10분 후에 목란으로 중앙을 눌러주고 헤라로 구멍을 터치해 준다(중앙의 구멍이 사라지지 않는 방법)

최종 제품평가

껍질 : 윗면, 옆면, 밑면이 황금갈색으로 고르게 나야 하고 표면에 기공과 반점이 없어야 한다.
달걀물이 흘러내려 밑면이 타거나 중앙부분이 부풀어오르면 감점된다.

부피 : 빵의 부피가 지름 약 12cm 되어야 하며 크거나 작으면 감점된다.

균형 : 동그란 형태의 모양과 크기가 일정하고 대칭이 되어야 하며 찌그러지면 감점된다.

내상 : 내부 충전물이 중앙에 위치하고 조직이 균일해야 하며 한쪽으로 치우치면 감점된다.

맛향 : 단팥빵의 은은한 향과 식감이 부드럽고 좋아야 한다.
탄 냄새, 탄 맛이 나면 감점된다.

※ 비상스트레이트법은 이스트 사용량이 2배이기 때문에 발효가 오버되지 않도록 주의한다.
중앙에 구멍을 낼 때 좌우대칭이 잘 맞아야 완성품이 잘 나온다.
옆면의 껍질이 만들어져야 찌그러지지 않고 주저앉지 않는다.
이스트 사용량이 많기 때문에 표면에 잔 기포가 많이 생길 수 있으니 주의한다.

그리시니

시험시간	2시간 30분	제조방법	스트레이트법

	비율(%)	재료명	무게(g)
배합표	100	강력분	700
	1	설탕	7(6)
	0.14	건조 로즈마리	1(2)
	2	소금	14
	3	이스트	21(22)
	12	버터	84
	2	올리브유	14
	62	물	434
	182.14	계	1,275(1,276)

<table>
<tr><td>요구
사항</td><td colspan="3">※ 그리시니를 제조하여 제출하시오.
❶ 배합표의 각 재료를 계량하여 재료별로 진열하시오.(8분)
• 재료계량(재료당 1분)→[감독위원 계량 확인]→작품제조 및 정리정돈(전체 시험시간-재료계량시간)
• 재료계량시간 내에 계량을 완료하지 못하여 시간이 초과한 경우 및 계량을 잘못한 경우는 추가의 시간부여 없이 작품제조 및 정리정돈 시간을 활용하여 요구사항의 무게대로 계량
• 달걀의 계량은 감독위원이 지정하는 개수로 계량
❷ 전 재료를 동시에 투입하여 믹싱하시오.(스트레이트법)
❸ 반죽온도는 27℃를 표준으로 하시오.
❹ 분할무게는 30g, 길이는 35~40cm로 성형하시오.
❺ 반죽은 전량을 사용하여 성형하시오.</td></tr>
<tr><td>공정
준비</td><td>▶ 재료계량하기
▶ 도구 준비
▶ 발효실 확인</td><td>요구
point</td><td>▶ 재료계량 : 8분
▶ 스트레이트법 제조
▶ 반죽온도 : 27℃ ± 1
▶ 분할무게 30g
▶ 정형길이 35~40cm</td></tr>
<tr><td>준비물
(도구)</td><td colspan="3">스크래퍼, 덧가루(강력분), 온도계, 비닐, 평철판 4장, 저울, 50cm 자</td></tr>
</table>

제조 공정

01 재료를 주어진 시간에 맞게 정확히 계량(개당 1분)

02 버터를 포함한 모든 재료를 한번에 넣고 믹싱한다.

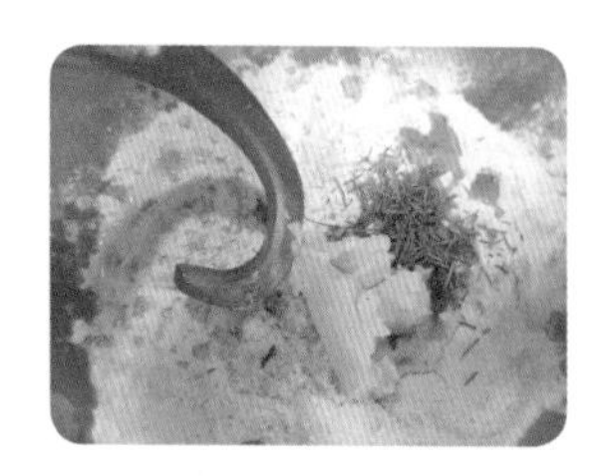

03 반죽 완료점은 발전-최종 단계 사이

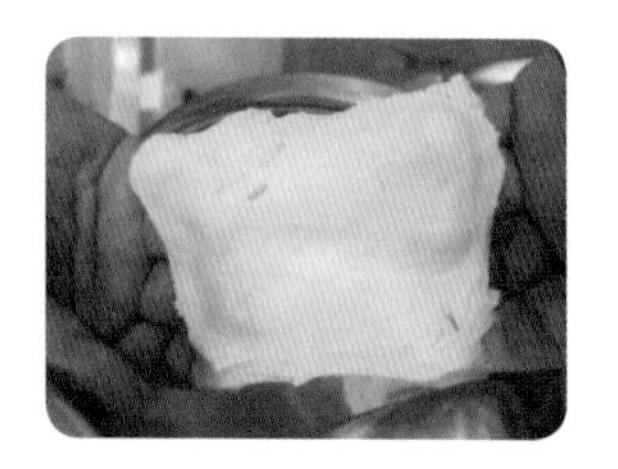

04 반죽온도 체크 : 27℃ ±1 (26~28℃)

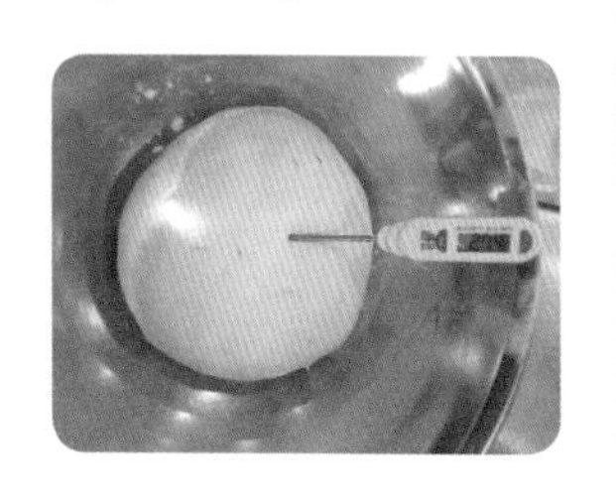

05 1차 발효 온도 27℃, 습도 75~80% 10분

06 분할 중량 30g씩 약 40개 분할한다.

※ 1차 발효시간이 짧은 이유는 성형과정이 오래 걸리기 때문이며 이때 자연발효가 된다.
1차 발효시간을 기존 반죽처럼 발효하면 과발효되어 색이 나지 않는다.

07 둥글리기한 후 비닐을 덮고 처음 반죽을 꺼내어 바로 작업한다.

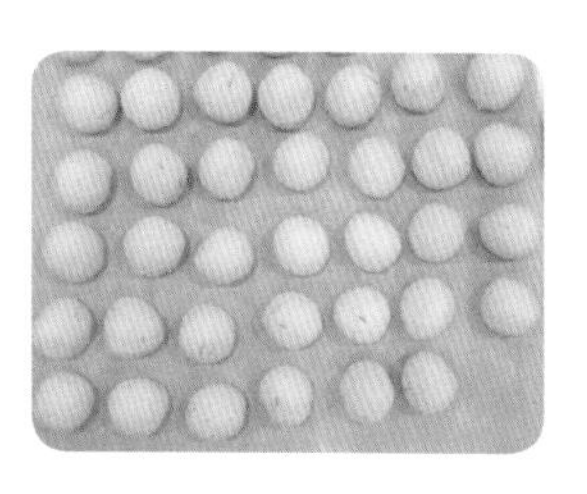

08 1차 밀어 늘리는 길이는 10~15cm

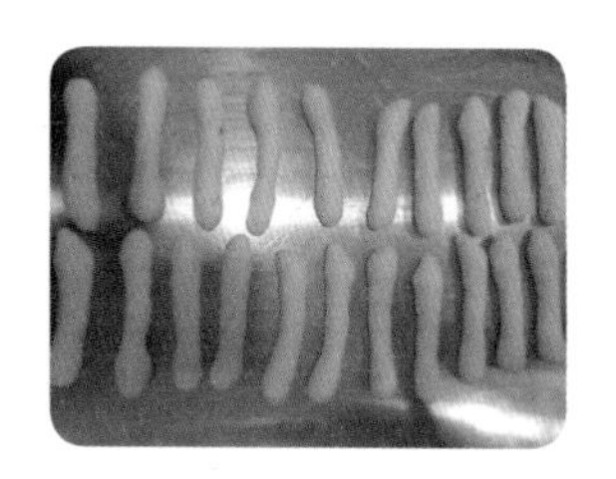

09 최종 35~40cm의 둥근 막대 모양으로 정형한다.

※ 개수가 많기 때문에 처음 반죽이 적당히 중간 자연발효된다.
10~15cm 길이로 순서대로 밀어 늘린다.(최종 길이를 2번에 나눠 정형한다)

10 2차 발효 온도 35~40℃, 습도 85~90% 약 15~20분 (상태확인) 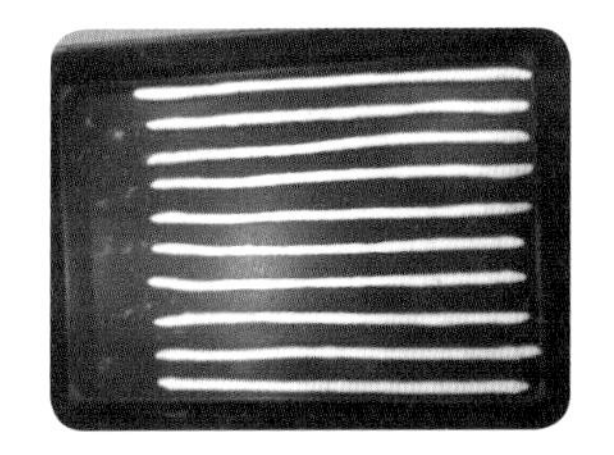	**11** 오븐 온도 윗불 210℃/아랫불 140℃ 약 12~15분 굽는다.(상태확인) 	

최종 제품평가

껍질 : 윗면은 황금갈색으로 굽고 균일하게 색이 표현되어야 한다.

부피 : 빵의 부피가 적정해야 하며 퍼지지 않고 둥근 형태가 균일하게 유지되어야 한다.

균형 : 둥근 막대모양으로 두께와 길이가 일정하고 균형이 맞아야 한다.

내상 : 내상이 큰 기공이 없고 내부 조직이 균일해야 한다.

맛향 : 로즈마리 향이 은은하게 나고 겉은 바삭하고 속이 촉촉한 식감이 있어야 한다.

※ 성형시간이 매우 길기 때문에 1차 발효와 중간발효 시간을 줄여준다.
팬닝 시 철판 세로방향으로 10개씩 팬닝한다. 총 4판 생산
2판씩 정형하여 발효실에 넣고 2판씩 오븐에 굽는다.(시간체크 중요)
길이는 35cm 이상이어야 한다.(짧으면 요구사항에 미충족)

밤식빵

시험시간	3시간 30분	제조방법	스트레이트법

배합표

반죽			토핑 (※ 계량시간에서 제외)		
비율(%)	재료명	무게(g)	비율(%)	재료명	무게(g)
80	강력분	960	100	마가린	100
20	중력분	240	60	설탕	60
52	물	624	2	베이킹파우더	2
4.5	이스트	54	60	달걀	60
1	제빵개량제	12	100	중력분	100
2	소금	24	50	아몬드 슬라이스	50
12	설탕	144	372	계	372
8	버터	96	**충전물** (※ 계량시간에서 제외)		
3	탈지분유	36	비율(%)	재료명	무게(g)
10	달걀	120	35	밤다이스 (시럽제외)	420
192.5	계	2,310			

요구사항	**※ 밤식빵을 제조하여 제출하시오.** ❶ 배합표의 각 재료를 계량하여 재료별로 진열하시오.(10분) • 재료계량(재료당 1분)→[감독위원 계량 확인]→작품제조 및 정리정돈(전체 시험시간-재료계량시간) • 재료계량시간 내에 계량을 완료하지 못하여 시간이 초과한 경우 및 계량을 잘못한 경우는 추가의 시간부여 없이 작품제조 및 정리정돈 시간을 활용하여 요구사항의 무게대로 계량 • 달걀의 계량은 감독위원이 지정하는 개수로 계량 ❷ 반죽은 스트레이트법으로 제조하시오. ❸ 반죽온도는 27℃를 표준으로 하시오. ❹ 분할무게는 450g으로 하고, 성형 시 450g의 반죽에 80g의 통조림 밤을 넣고 정형하시오.(한 덩이 : one loaf) ❺ 토핑물을 제조하여 굽기 전에 토핑하고 아몬드를 뿌리시오. ❻ 반죽은 전량을 사용하여 성형하시오.

공정준비	▶ 재료계량하기 ▶ 도구 준비 ▶ 식빵틀 준비 ▶ 발효실 확인	요구 point	▶ 재료계량 : 10분 ▶ 반죽온도 : 27℃ ± 1 ▶ 스트레이트법 제조
준비물(도구)	스크래퍼, 덧가루(강력분), 온도계, 비닐, 식빵틀 5개, 저울, 밀대, 짤주머니, 톱니깍지		

01 재료를 주어진 시간에 맞게 정확히 계량(개당 1분)

02 버터를 제외하고 모든 재료를 혼합한다. 모든 재료가 수화되면 버터를 넣고 반죽

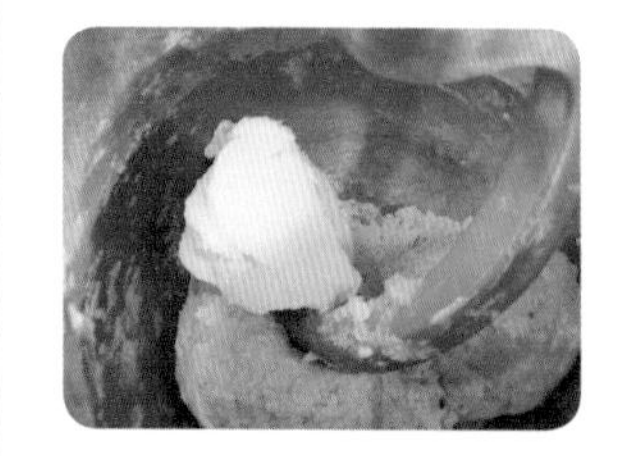

03 반죽의 완료점은 최종단계까지 반죽

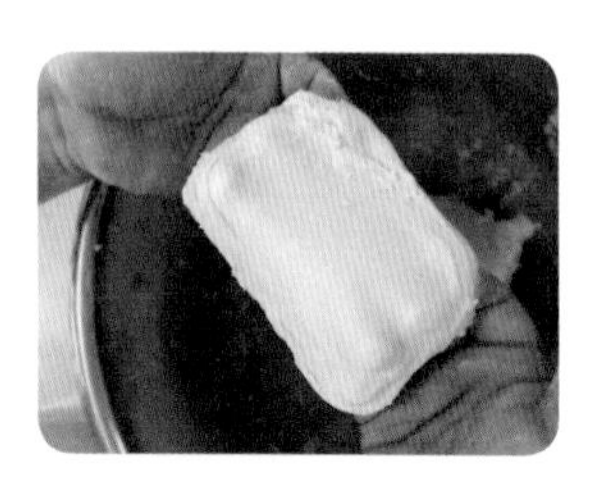

※ 최종단계는 글루텐의 탄력성과 신장성이 최대이다. 최종단계까지 반죽한다.

04 반죽온도 체크 : 27℃ ±1 (26~28℃)

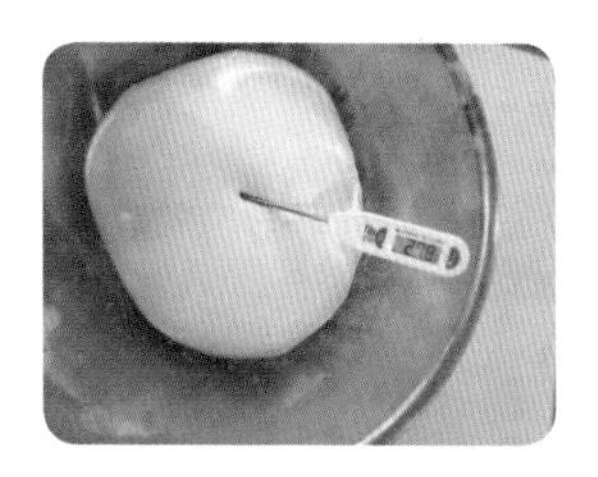

05 1차 발효기 온도 27℃, 습도 75~80% 약 40~45분 동안 1차 발효한다.

06 분할 중량 450g씩 5개 분할한다.

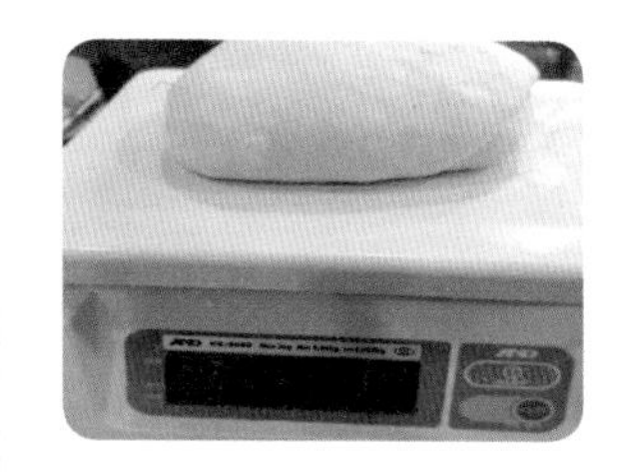

07 둥글리기한 후, 비닐을 덮고 실온에서 약 10분 동안 중간발효한다.

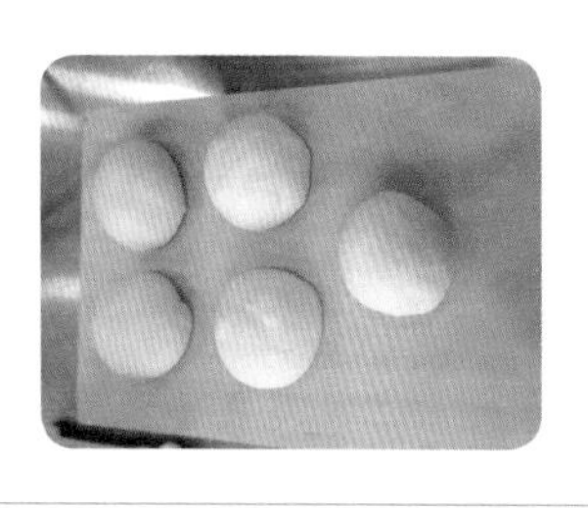

08 중간발효가 완료되면 밀대를 이용하여 반죽을 밀어 편다.

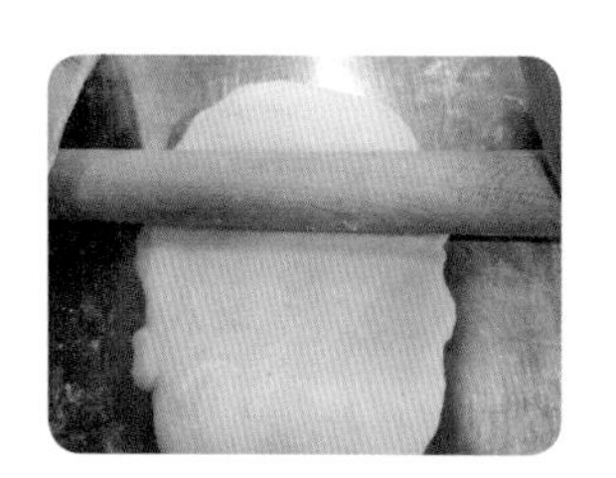

09 밤 80g을 충전한다.

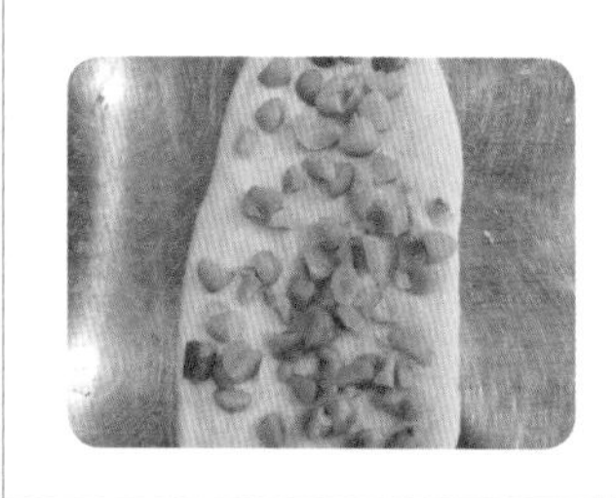

10 밤을 넣고 one loaf로 말아준다.

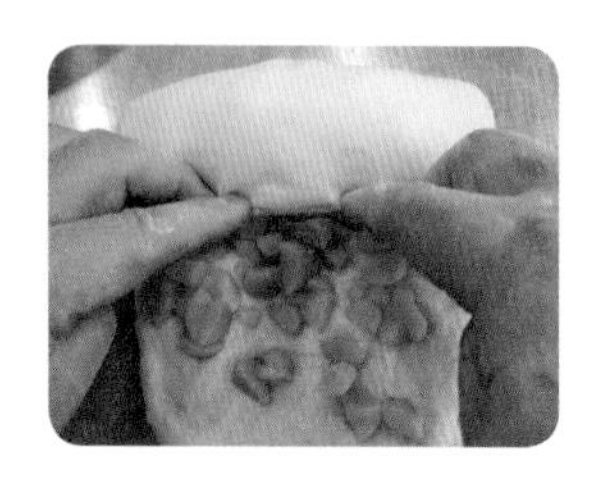

11 말아진 이음매를 봉한다.

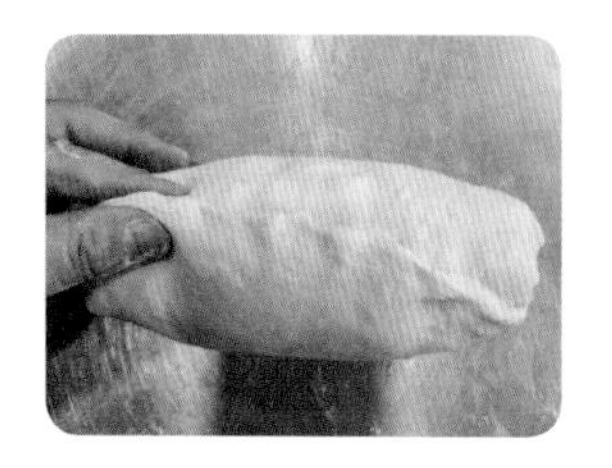

12 말아놓은 이음매를 바닥으로 팬닝하고 윗면을 손으로 가볍게 누른다.

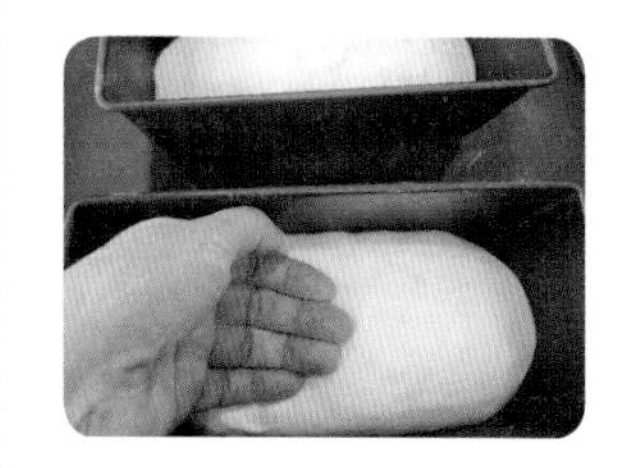

※ 가볍게 눌러서 바닥의 공기 제거

13 2차 발효 온도 35~40℃, 습도 85~90% 약 35~40분 발효한다.(상태확인)

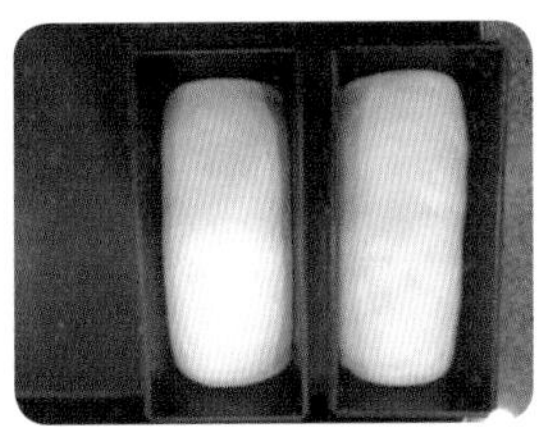

14 〈토핑 제조〉
마가린을 부드럽게 풀고 설탕 넣고 섞는다.

15 달걀을 2회로 나누어 넣으며 크림상태로 한다.

16 체친 가루(중력분, 베이킹파우더)를 섞는다.

17 톱니깍지를 끼운 짤주머니에 담는다.

18 2차 발효 후 토핑물을 일정하게 짠다.

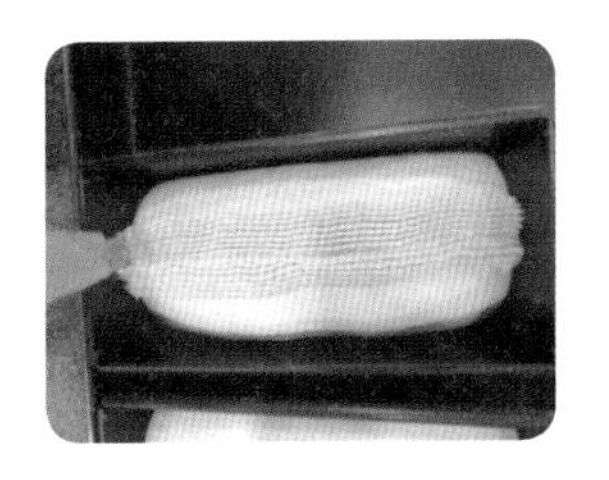

※ 준비한 토핑물로 5개를 토핑해야 한다. 부족하지 않게 잘 나누어 사용한다.
※ 식빵틀 높이와 같은 상태에서 토핑한다.

19 위에 아몬드 슬라이스를 뿌린다.

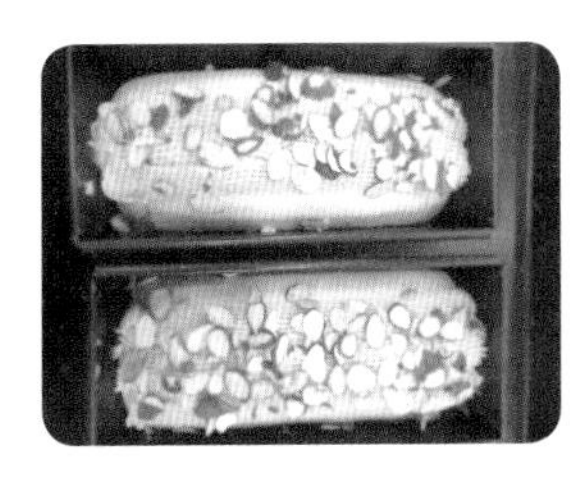

20 오븐 온도 윗불 180℃/아랫불 190℃ 약 30~35분 굽는다.(상태확인)

최종 제품평가

껍질 : 윗면은 황금갈색으로 굽고 옆면과 밑면의 색이 고르게 나야 한다.

부피 : 팬 높이보다 약 3cm가량 높아야 하며 크거나 작으면 감점이다.

균형 : 위 표면에 토핑과 아몬드 슬라이스가 골고루 퍼져야 한다.
오븐에서 꺼낸 후 옆면이 찌그러지거나 밑면 틈새가 생기면 감점된다.

내상 : 빵을 자른 단면은 기공이 없고 조직이 균일하고 부드러워야 하며 밤 충전물이 골고루 분포되어 있어야 한다.
줄무늬와 어두운 색이 나거나 내상에 구멍이 생기면 감점된다.

맛향 : 맛은 쫄깃하고 밤과 잘 어울려야 하며 겉의 토핑은 바삭하고 고소해야 한다.
토핑이 흘러넘쳐 빵에서 탄 냄새가 나면 감점된다.

※ 토핑물을 미리 제조하고 2차 발효 후 윗면을 고르게 짜야 한다.
밤 충전물의 물기를 잘 제거하고 사용한다.
토핑물을 짜며 2차 발효가 오버되기 쉬우므로 신속하게 작업한다.
옆면의 껍질이 만들어져야 찌그러지지 않고 주저앉지 않는다.
오래 구워서 옆면이 들어가지 않도록 한다.

MEMO

베이글

시험시간	3시간 30분	제조방법	스트레이트법

	비율(%)	재료명	무게(g)
배합표	100	강력분	800
	55~60	물	440~480
	3	이스트	24
	1	제빵개량제	8
	2	소금	16
	2	설탕	16
	3	식용유	24
	166~171	계	1,328~1,368

<table>
<tr><td>요구
사항</td><td colspan="3">※ 베이글을 제조하여 제출하시오.
❶ 배합표의 각 재료를 계량하여 재료별로 진열하시오.(7분)
• 재료계량(재료당 1분)→[감독위원 계량 확인]→작품제조 및 정리정돈(전체 시험시간-재료계량시간)
• 재료계량시간 내에 계량을 완료하지 못하여 시간이 초과한 경우 및 계량을 잘못한 경우는 추가의 시간부여 없이 작품제조 및 정리정돈 시간을 활용하여 요구사항의 무게대로 계량
• 달걀의 계량은 감독위원이 지정하는 개수로 계량
❷ 반죽은 스트레이트법으로 제조하시오.
❸ 반죽온도는 27℃를 표준으로 하시오.
❹ 1개당 분할무게는 80g으로 하고 링 모양으로 정형하시오.
❺ 반죽은 전량을 사용하여 성형하시오.
❻ 2차 발효 후 끓는 물에 데쳐 팬닝하시오.
❼ 팬 2개에 완제품 16개를 구워 제출하고 남은 반죽은 감독위원의 지시에 따라 별도로 제출하시오.</td></tr>
<tr><td>공정
준비</td><td>▶ 재료계량하기
▶ 도구 준비
▶ 물온도 준비
▶ 발효실 확인</td><td>요구
point</td><td>▶ 재료계량 : 7분
▶ 반죽온도 : 27℃ ± 1
▶ 스트레이트법 제조</td></tr>
<tr><td>준비물
(도구)</td><td colspan="3">스크래퍼, 덧가루(강력분), 온도계, 비닐, 평철판 2장, 저울, 버너, 데치는 물, 밀대, 나무주걱, 젓가락</td></tr>
</table>

제조 공정

01 재료를 주어진 시간에 맞게 정확히 계량(개당 1분)

02 모든 재료를 넣고 믹싱한다.

03 반죽의 완료점은 발전단계까지 반죽

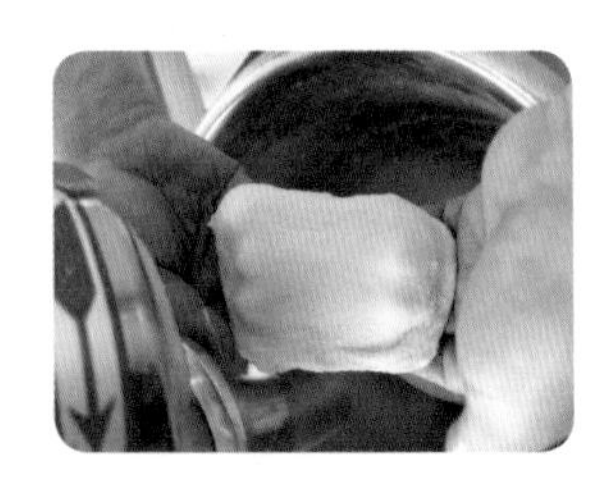

※ 발전단계는 글루텐의 탄력성이 최대이다. 발전단계까지 반죽한다.

※ 믹싱오버되면 반죽이 늘어지고 볼륨이 없어진다. 반죽의 탄력성이 필요하다.

04 반죽온도 체크 : 27℃ ±1 (26~28℃)

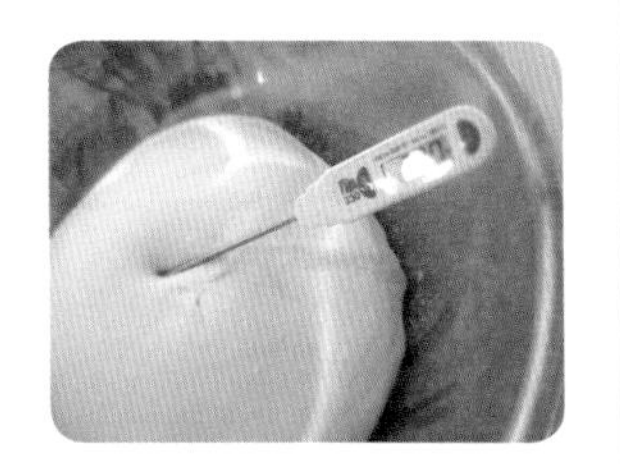

05 1차 발효기 온도 27℃, 습도 75~80% 약 20~25분 동안 1차 발효한다.

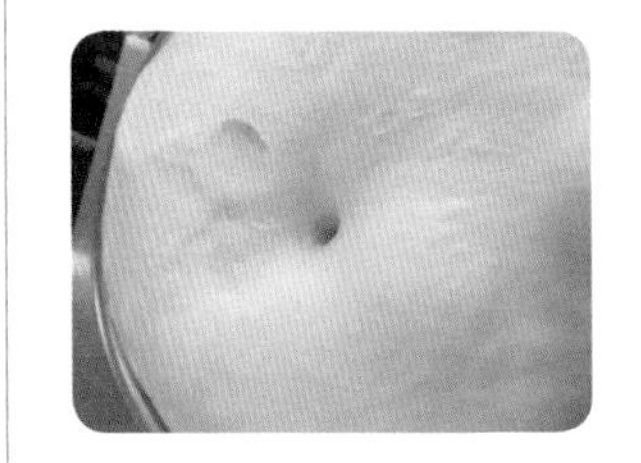

06 분할 중량 80g씩 16개 분할한다. 남은 반죽은 감독위원의 지시에 따른다.

07 둥글리기한 후, 비닐을 덮고 실온에서 약 10분 동안 중간발효한다.

08 밀대를 이용하여 타원형으로 밀어편다.

09 25~28cm 길이 막대모양으로 접는다.

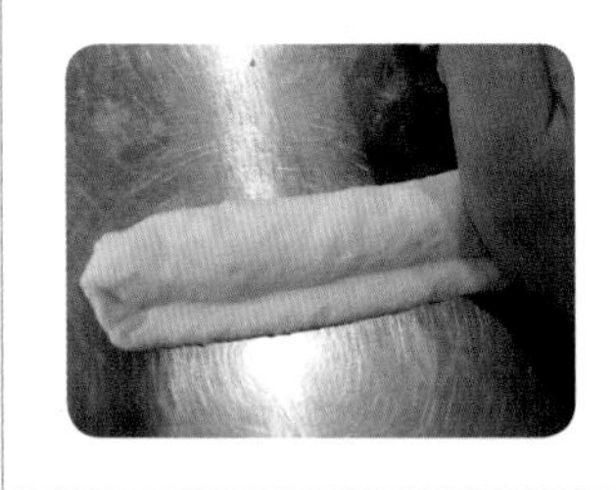

10 한쪽 끝을 밀대로 밀어편다.

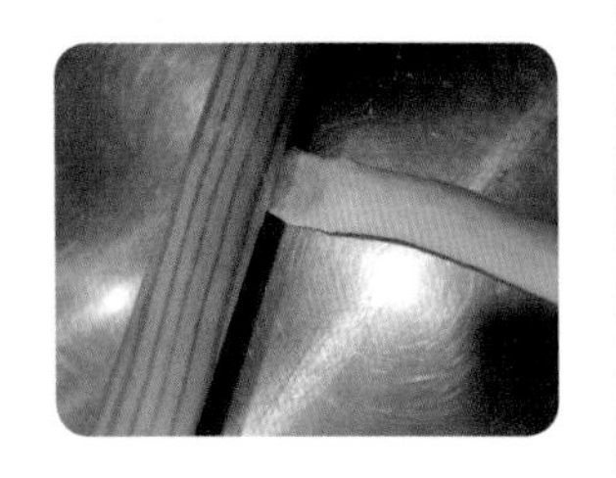

11 링 모양으로 정형한다.

12 평철판에 8개씩 팬닝한다.

※ 링 모양 정형 시 중앙의 지름을 약 5cm 유지해야 한다.
※ 종이 사용은 2차 발효 후 물에 데칠 때 작업하기 편리하다.

13 2차 발효 온도 32~35℃, 습도 75~80% 약 25~30분 발효한다.(상태확인)

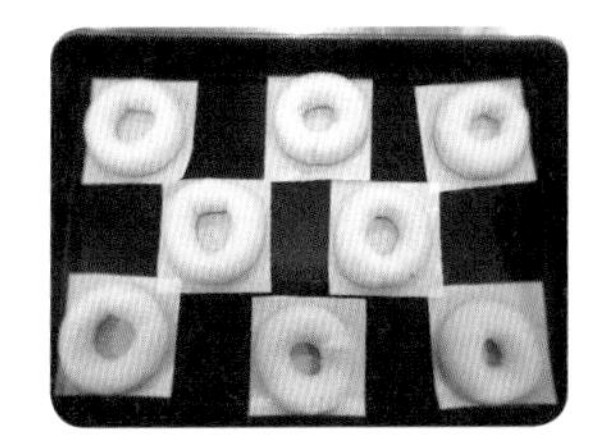

14 90℃에서 한 면을 약 10초씩 데친다.

15 나무주걱으로 물기를 빼고 팬닝한다.

※ 물 2,000g + 설탕 100g 끓인 후 사용한다.
※ 데칠 때 끓는 물에 오래 데치면 반죽이 익어 오븐팽창이 일어나지 않는다.

16 오븐 온도 윗불 200℃/아랫불 170℃ 약 15~20분 굽는다.(상태확인)

최종 제품평가

껍질 : 황금갈색으로 굽고 옆면과 밑면의 색이 균일하게 나야 한다.
베이글 모양이 찌그러지거나 껍질에 기포가 생기면 감점된다.

부피 : 반죽 80g의 부피가 적당해야 하며 크거나 작으면 감점된다.

균형 : 둥근 링 모양으로 일정하고 대칭이 되어야 한다.
중앙의 구멍이 막힘, 옆면 터짐, 모양의 대칭이 맞지 않으면 감점된다.

내상 : 빵을 자른 단면은 기공이 없고 조직이 균일하고 부드러워야 하며 줄무늬, 어두운 색이 나면 감점된다.

맛향 : 겉은 바삭하고 속은 쫀득한 식감과 베이글의 은은한 향이 나야 한다.

※ 둥근 링 모양의 대칭을 이뤄야 하고 중앙의 구멍이 있어야 한다.
끓는 물에 오래 데치면 오븐에서 팽창이 일어나지 않고 완제품이 찌그러진다.
물에 데치고 팬닝 시 일정하게 한번에 해야 한다. 한 번 팬닝하면 다시 옮기기 힘들다.

스위트롤

시험시간	3시간 30분	제조방법	스트레이트법

배합표

비율(%)	재료명	무게(g)
100	강력분	900
46	물	414
5	이스트	45(46)
1	제빵개량제	9(10)
2	소금	18
20	설탕	180
20	쇼트닝	180
3	탈지분유	27(28)
15	달걀	135(136)
212	계	1,908(1,912)

※ 충전용 재료는 계량시간에서 제외

비율(%)	재료명	무게(g)
15	충전용 설탕	135(136)
1.5	충전용 계피가루	13.5(14)

<table>
<tr><td>요구
사항</td><td colspan="3">※ 스위트롤을 제조하여 제출하시오.
❶ 배합표의 각 재료를 계량하여 재료별로 진열하시오.(9분)
• 재료계량(재료당 1분)→[감독위원 계량 확인]→작품제조 및 정리정돈(전체 시험시간-재료계량시간)
• 재료계량시간 내에 계량을 완료하지 못하여 시간이 초과한 경우 및 계량을 잘못한 경우는 추가의 시간부여 없이 작품제조 및 정리정돈 시간을 활용하여 요구사항의 무게대로 계량
• 달걀의 계량은 감독위원이 지정하는 개수로 계량
❷ 반죽은 스트레이트법으로 제조하시오.(단, 유지는 클린업 단계에 첨가하시오)
❸ 반죽온도는 27℃를 표준으로 하시오.
❹ 야자잎형 12개, 트리플리프(세잎새형) 9개를 만드시오.
❺. 계피설탕은 각자가 제조하여 사용하시오.
❻ 성형 후 남은 반죽은 감독위원의 지시에 따라 별도로 제출하시오.</td></tr>
<tr><td>공정
준비</td><td>▶ 재료계량하기
▶ 도구 준비
▶ 물온도 준비
▶ 발효실 확인</td><td>요구
point</td><td>▶ 재료계량 : 9분
▶ 반죽온도 : 27℃ ± 1
▶ 스트레이트법 제조</td></tr>
<tr><td>준비물
(도구)</td><td colspan="3">스크래퍼, 덧가루(강력분), 온도계, 비닐, 평철판 3장, 물 약간, 붓, 녹인 버터</td></tr>
</table>

제조 공정

01 재료를 주어진 시간에 맞게 정확히 계량(개당 1분)	**02** 버터를 제외하고 모든 재료를 혼합한다. 모든 재료가 수화되면 버터를 넣고 반죽	**03** 반죽의 완료점은 최종단계까지 반죽
	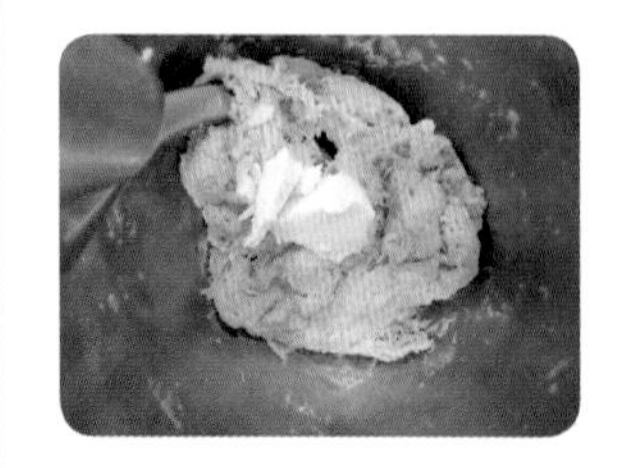	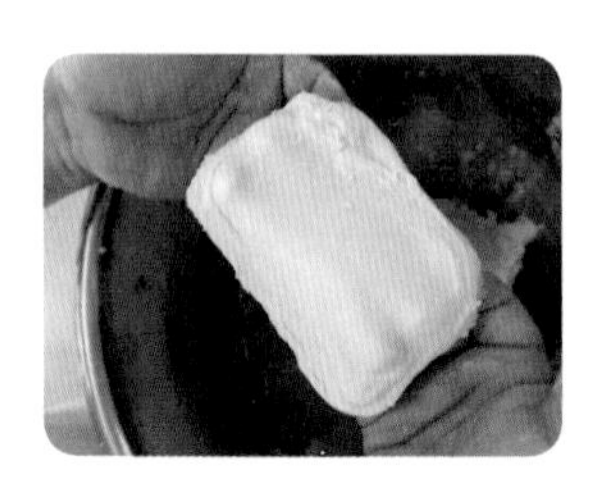

※ 최종단계는 글루텐의 탄력성과 신장성이 최대이다. 최종단계까지 반죽한다.

04 반죽온도 체크 : 27℃ ±1 (26~28℃)	**05** 1차 발효기 온도 27℃, 습도 75~80% 약 40~45분 동안 1차 발효한다.	**06** 분할은 900g씩 2개 하고 남은 반죽도 추가로 2등분하여 본반죽과 합한다.
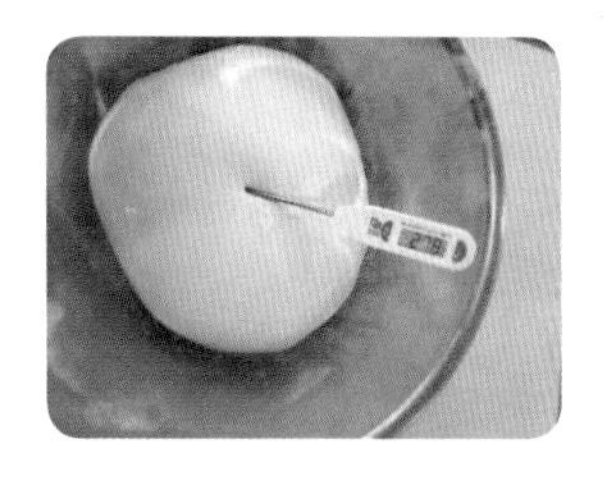	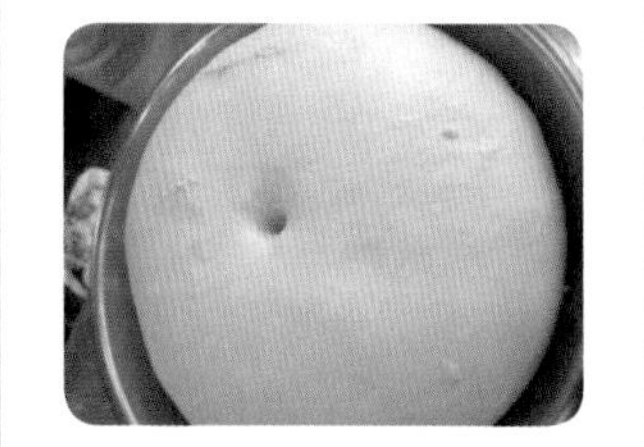	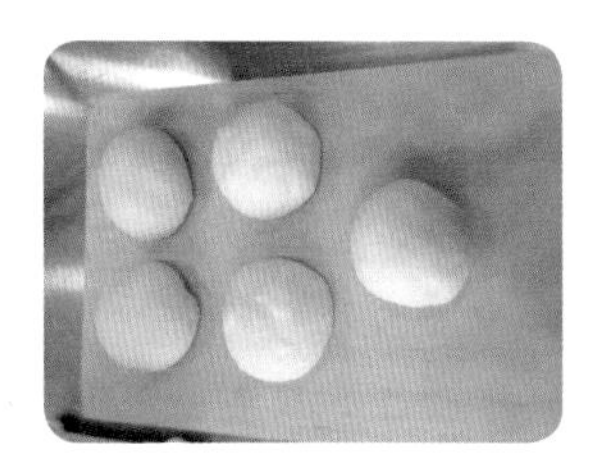
07 가로 36cm×세로 25cm로 밀어편다.	**08** 용해버터 또는 식용유를 바른다.	**09** 충전용 설탕과 계피가루를 혼합하여 골고루 뿌려준다.
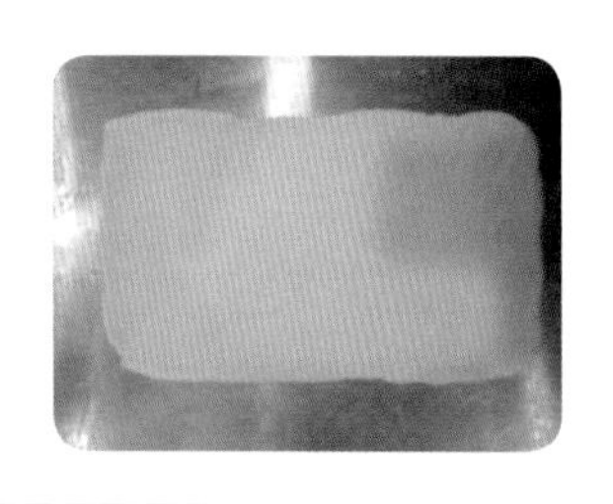	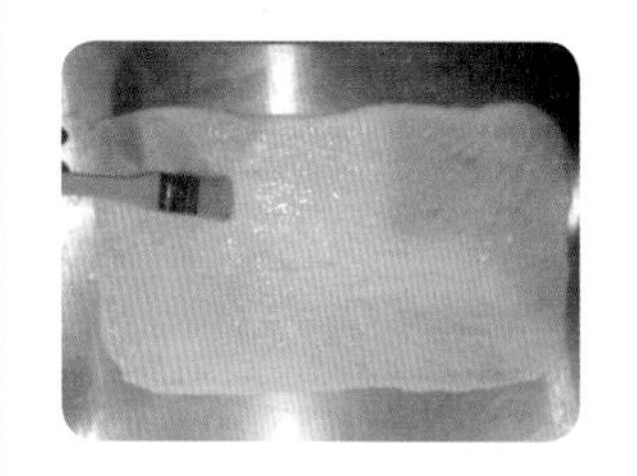	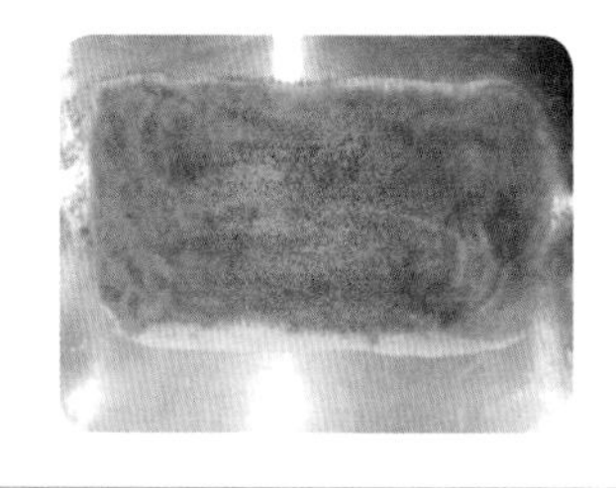
10 두께가 일정하게 말아준다.	**11** 이음매를 잘 봉한다.	**12** 2가지 모양으로 정형한다.
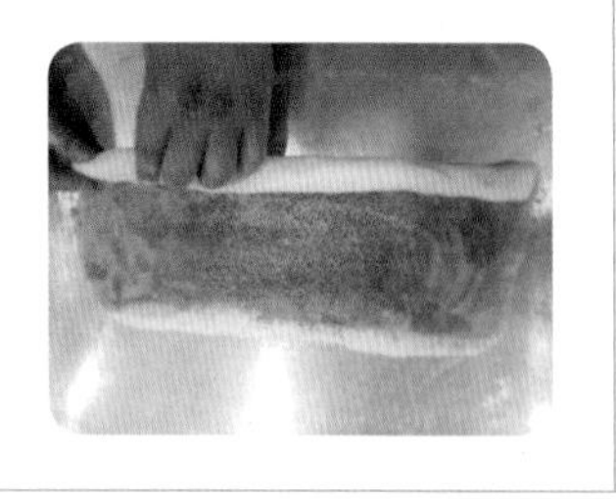	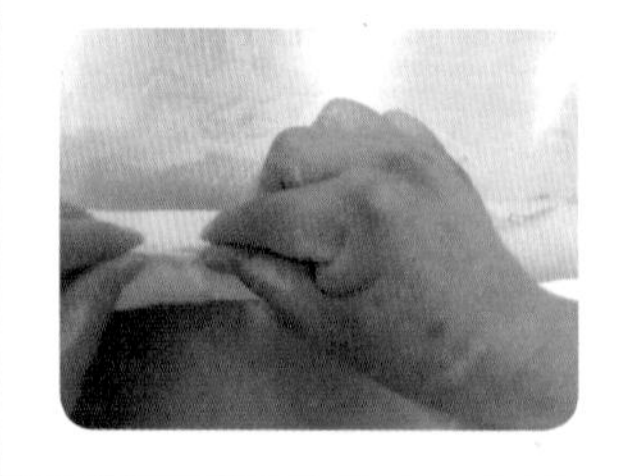	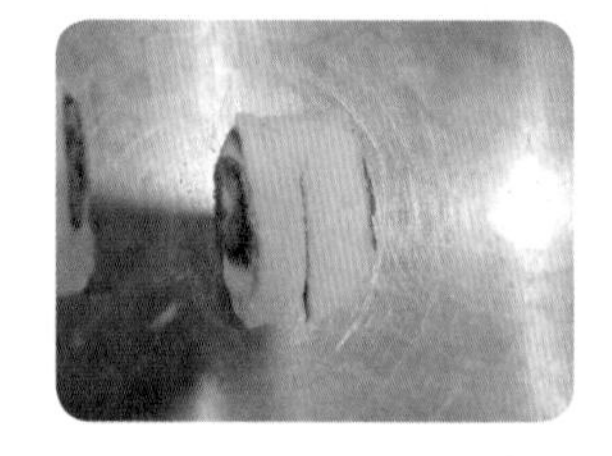

※ 일정한 두께로 말고 밑면 1cm는 물을 바르고 마무리한다.

※ 야자잎 : 재단은 3cm씩 12개 자르고 정형은 2등분하여 야자잎을 만든다.
※ 트리플리프 : 재단은 4cm씩 9개 자르고 정형은 3등분하여 트리플리프를 만든다.

13 야자잎형을 일정한 간격으로 팬닝 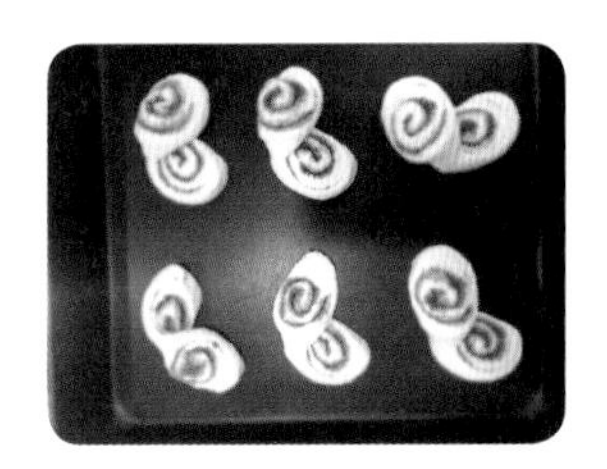	**14** 트리플리프를 일정한 간격으로 팬닝 	**15** 2차 발효 온도 35~40℃, 습도 85~90% 약 30~35분 발효한다.(상태확인) 
16 오븐 온도 윗불 200℃/아랫불 150℃ 약 15~20분 굽는다.(상태확인) 		

최종 제품평가

껍질 : 윗면은 황금갈색으로 굽고 옆면과 밑면의 색이 균일하게 나야 한다.
설탕, 계피 충전물이 새어나와 바닥이 타면 감점된다.

부피 : 분할무게와 부피가 일정해야 하며 모양이 균일해야 한다.

균형 : 롤이 튀어나오지 않고 선명해야 하며 잎 모양이 나타나야 한다.
빵의 표면이 볼륨 있는 모양으로 일정하고 대칭이 되어야 한다.
옆면이 찌그러지거나 모양의 대칭이 맞지 않으면 감점된다.

내상 : 빵의 층이 선명하고 규칙적이어야 하며 충전물이 고르게 묻어 있어야 한다.

맛향 : 충전물의 맛과 빵의 발효 향이 잘 어우러져야 한다.
오래 굽거나 발효 부족으로 딱딱한 식감이 나면 감점된다.

※ 두께가 일정해야 크기가 일정하다.
정형 시간이 오래 걸리면 2차 발효가 짧아진다. 발효시간보다는 상태로 확인한다.
완제품을 제출할 때 종이를 깔면 끈적임 때문에 종이가 붙는다. 주의할 것

우유식빵

시험시간	3시간 40분	제조방법	스트레이트법

	비율(%)	재료명	무게(g)
배합표	100	강력분	1,200
	40	우유	480
	29	물	348
	4	이스트	48
	1	제빵개량제	12
	2	소금	24
	5	설탕	60
	4	쇼트닝	48
	185	계	2,220

<table>
<tr><td>요구
사항</td><td colspan="3">※ 우유식빵을 제조하여 제출하시오.
❶ 배합표의 각 재료를 계량하여 재료별로 진열하시오.(8분)
• 재료계량(재료당 1분)→[감독위원 계량 확인]→작품제조 및 정리정돈(전체 시험시간-재료계량시간)
• 재료계량시간 내에 계량을 완료하지 못하여 시간이 초과한 경우 및 계량을 잘못한 경우는 추가의 시간부여 없이 작품제조 및 정리정돈 시간을 활용하여 요구사항의 무게대로 계량
• 달걀의 계량은 감독위원이 지정하는 개수로 계량
❷ 반죽은 스트레이트법으로 제조하시오.(단, 유지는 클린업 단계에 첨가하시오)
❸ 반죽온도는 27℃를 표준으로 하시오.
❹ 표준분할무게는 180g으로 하고, 제시된 팬의 용량을 감안하여 결정하시오.
(단, 분할무게×3을 1개의 식빵으로 함)
❺ 반죽은 전량을 사용하여 성형하시오.</td></tr>
<tr><td>공정
준비</td><td>▶ 재료계량하기
▶ 도구 준비
▶ 식빵틀 준비
▶ 발효실 확인</td><td>요구
point</td><td>▶ 재료계량 : 8분
▶ 반죽온도 : 27℃ ± 1
▶ 스트레이트법 제조</td></tr>
<tr><td>준비물
(도구)</td><td colspan="3">스크래퍼, 덧가루(강력분), 온도계, 비닐, 식빵틀 4개, 저울, 밀대</td></tr>
</table>

01 재료를 주어진 시간에 맞게 정확히 계량(개당 1분)

02 쇼트닝을 제외하고 모든 재료를 혼합한다. 모든 재료가 수화되면 쇼트닝을 넣고 반죽

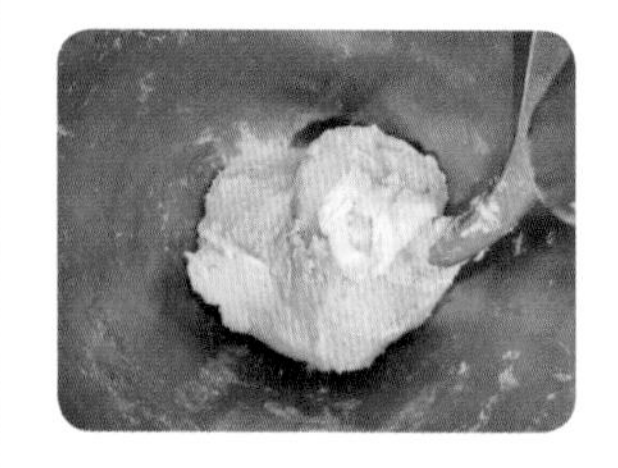

03 반죽의 완료점은 최종단계까지 반죽

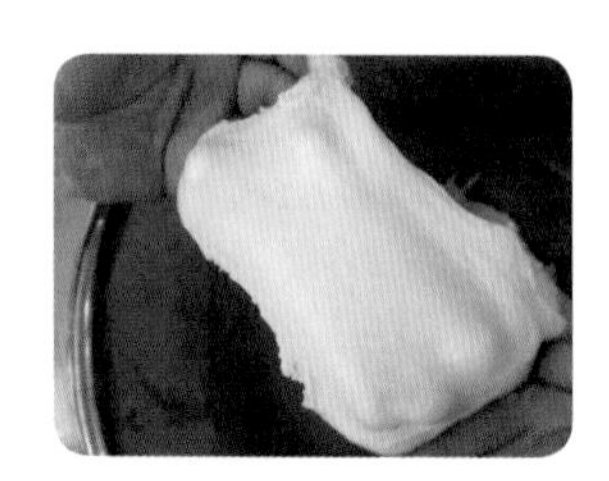

※ 최종단계는 글루텐의 탄력성과 신장성이 최대이다. 최종단계까지 반죽한다.

04 반죽온도 체크 : 27℃ ±1 (26~28℃)

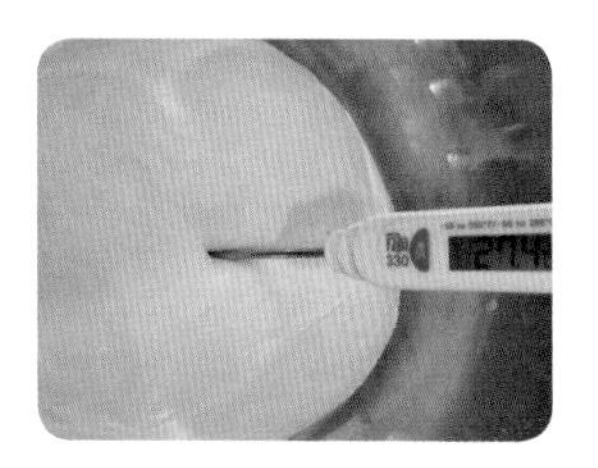

05 1차 발효기 온도 27℃, 습도 75~80% 약 40~45분 동안 1차 발효한다.

06 분할 중량 180g씩 12개 분할한다.

07 둥글리기한 후 비닐을 덮고 실온에서 약 10분 동안 중간발효한다.

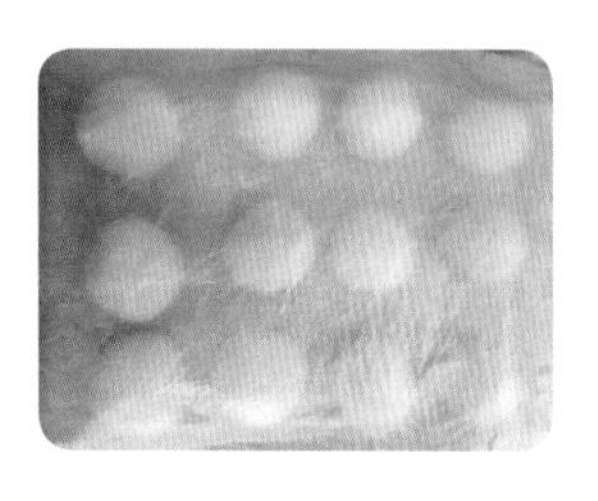

08 중간발효가 완료되면 밀대를 이용하여 반죽을 밀어 편다.

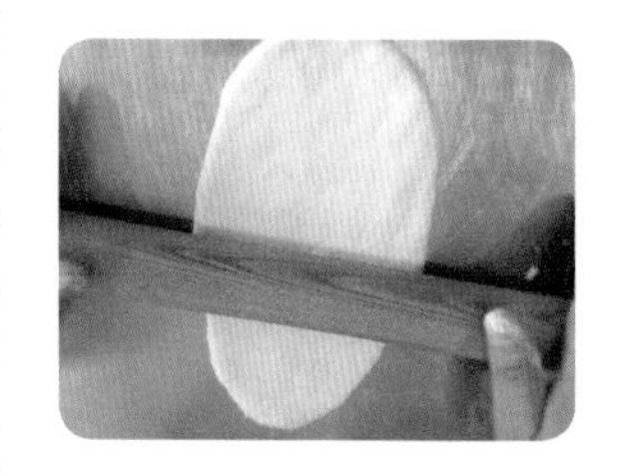

09 밀어편 반죽을 3절 접기한다.

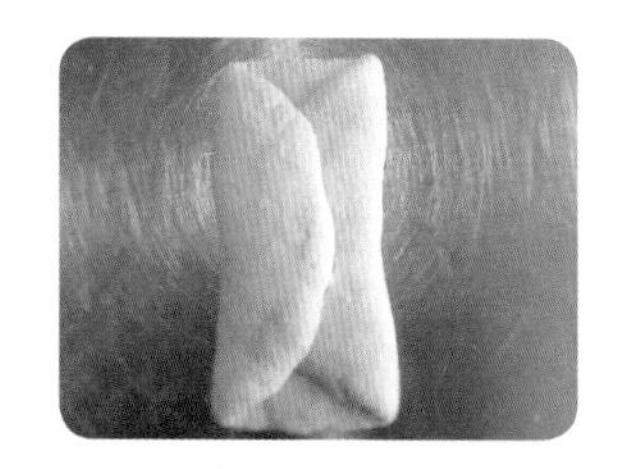

10 접은 반죽을 말아 이음매를 봉한다. 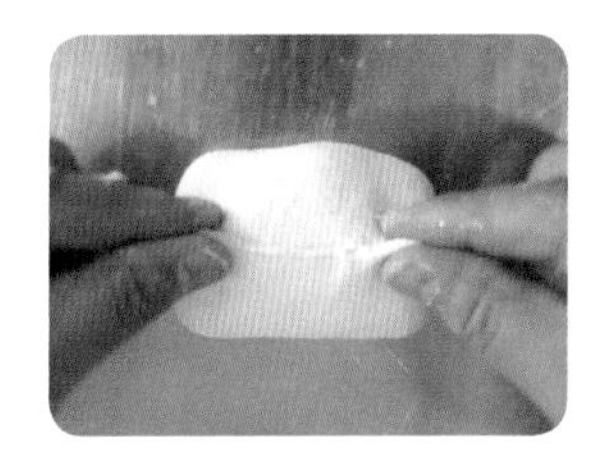	**11** 이음매를 바닥으로 3개씩 팬닝하고 윗면을 손으로 가볍게 누른다. 	**12** 2차 발효 온도 35~40℃, 습도 85~90% 약 35~40분 발효한다.(상태확인) 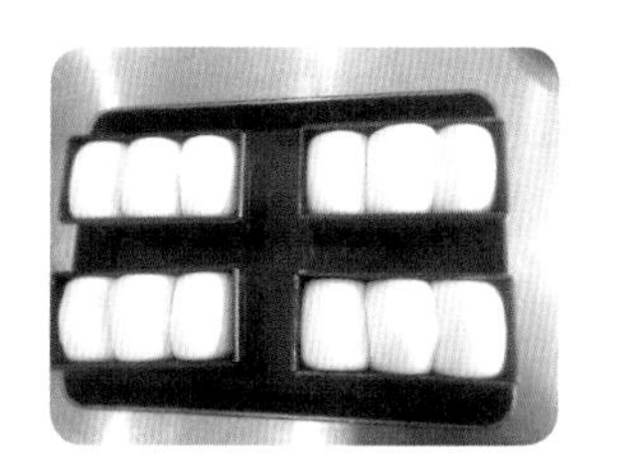
	※ 가볍게 눌러서 바닥의 공기 제거	※ 식빵틀 높이보다 1~1.5cm 높을 때 굽는다.
13 오븐 온도 윗불 180℃/아랫불 190℃ 약 30~35분 굽는다.(상태확인) 	**14** 완제품 	

최종 제품평가

껍질 : 윗면은 황금갈색으로 굽고 옆면과 밑면의 색이 고르게 나야 한다.

부피 : 팬 높이보다 약 3cm가량 높아야 하며 크거나 작으면 감점이다.

균형 : 오븐에서 꺼낸 후 옆면이 찌그러지거나 밑면 틈새가 생기면 감점된다.

내상 : 빵을 자른 단면은 기공이 없고 조직이 균일하고 부드러워야 하며 줄무늬, 어두운 색이 나면 감점된다.

맛향 : 식빵의 은은한 향과 식감이 부드럽고 좋아야 한다.

※ 정형 시 좌우대칭이 잘 맞아야 완성품이 잘 나온다.
옆면의 껍질이 만들어져야 찌그러지지 않고 주저앉지 않는다.
오래 구워서 옆면이 들어가지 않도록 한다.

단과자빵(트위스트형)

시험시간	3시간 30분	제조방법	스트레이트법

	비율(%)	재료명	무게(g)
배합표	100	강력분	900
	47	물	422
	4	이스트	36
	1	제빵개량제	8
	2	소금	18
	12	설탕	108
	10	쇼트닝	90
	3	분유	26
	20	달걀	180
	199	계	1,788

요구 사항	※ **단과자빵(트위스트형)을 제조하여 제출하시오.** ❶ 배합표의 각 재료를 계량하여 재료별로 진열하시오.(9분) • 재료계량(재료당 1분)→[감독위원 계량 확인]→작품제조 및 정리정돈(전체 시험시간-재료계량시간) • 재료계량시간 내에 계량을 완료하지 못하여 시간이 초과한 경우 및 계량을 잘못한 경우는 추가의 시간부여 없이 작품제조 및 정리정돈 시간을 활용하여 요구사항의 무게대로 계량 • 달걀의 계량은 감독위원이 지정하는 개수로 계량 ❷ 반죽은 스트레이트법으로 제조하시오.(단, 유지는 클린업 단계에 첨가하시오) ❸ 반죽온도는 27℃를 표준으로 하시오. ❹ 반죽분할무게는 50g이 되도록 하시오. ❺ 모양은 8자형 12개, 달팽이형 12개로 2가지 모양으로 만드시오. ❻ 완제품 24개를 성형하여 제출하고, 남은 반죽은 감독위원의 지시에 따라 별도로 제출하시오.

공정 준비	▶ 재료계량하기 ▶ 도구 준비 ▶ 물온도 준비 ▶ 발효실 확인	요구 point	▶ 재료계량 : 9분 ▶ 반죽온도 : 27℃ ± 1 ▶ 스트레이트법 제조
준비물 (도구)	스크래퍼, 덧가루(강력분), 온도계, 비닐, 평철판 2장, 저울, 밀대, 붓		

01 재료를 주어진 시간에 맞게 정확히 계량(개당 1분)

02 버터를 제외하고 모든 재료를 혼합한다. 모든 재료가 수화되면 버터를 넣고 반죽

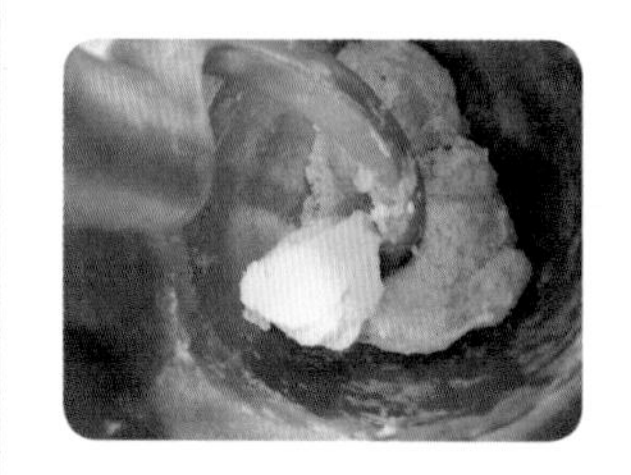

03 반죽의 완료점은 최종단계까지 반죽

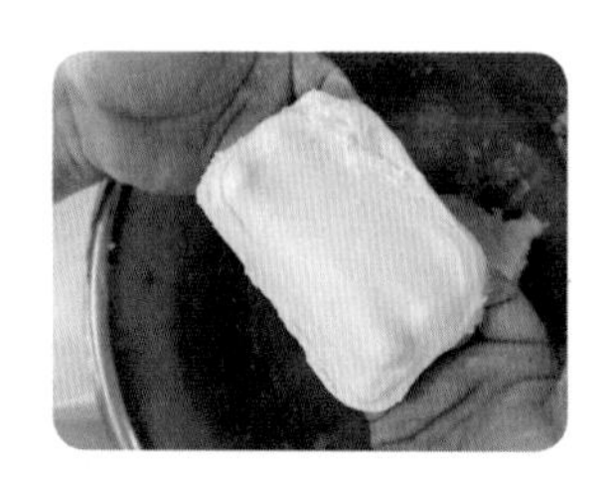

※ 최종단계는 글루텐의 탄력성과 신장성이 최대이다. 최종단계까지 반죽한다.

04 반죽온도 체크 : 27℃ ±1(26~28℃)

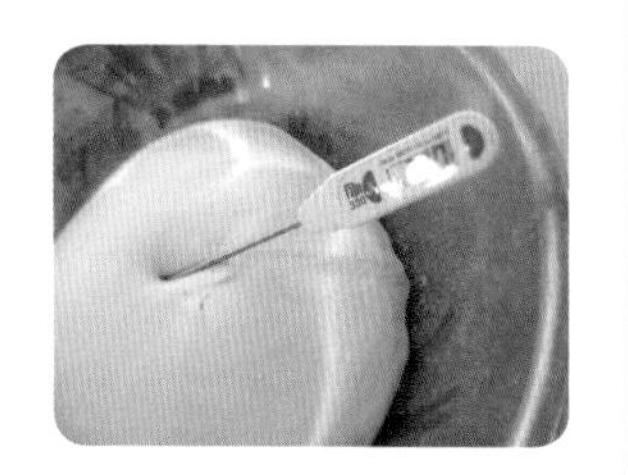

05 1차 발효기 온도 27℃, 습도 75~80% 약 40~45분 동안 1차 발효한다.

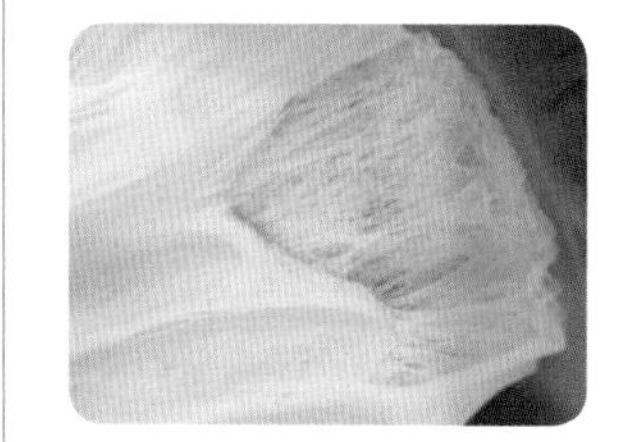

06 분할 중량 50g씩 24개 분할한다.
남은 반죽은 감독위원의 지시에 따른다.

07 둥글리기 후 10cm로 밀어 둔다.

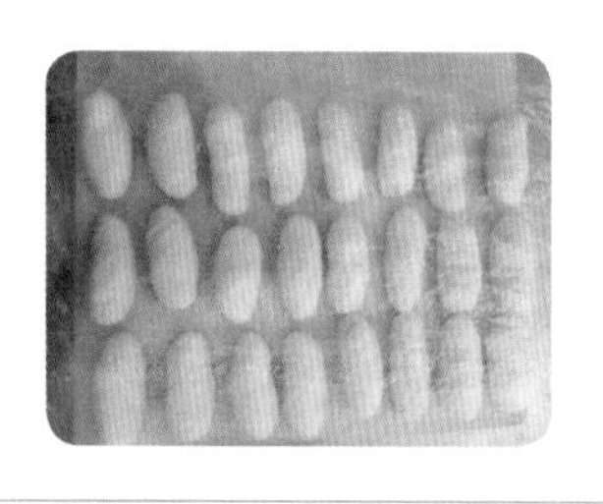

08 일정한 두께로 25cm로 늘린다.(8자형)

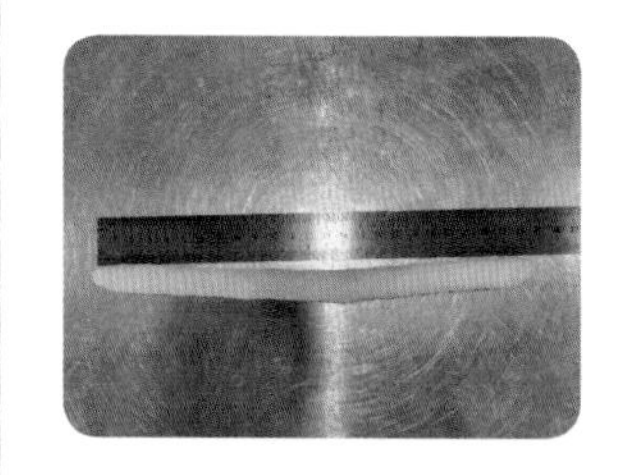

09 8자형 정형은 먼저 S자로 만든다.

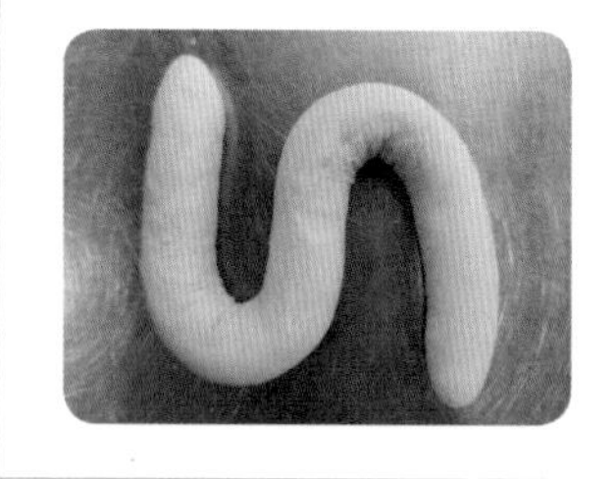

10 오른쪽 반죽을 들어 윗면을 감싼다.

11 감싼 반죽을 윗면으로 넣어 마무리

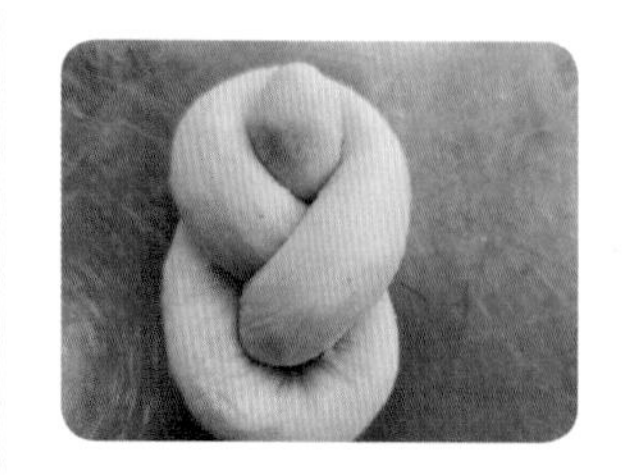

12 8자형만 팬닝한다.

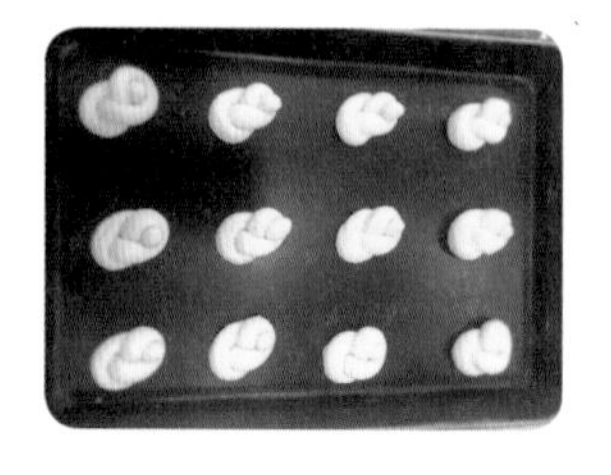

※ 정형 후 이음매를 바닥으로 팬닝한다.(3×4, 각 12개씩 팬닝)

13 달팽이 모양은 30cm로 밀어편다.

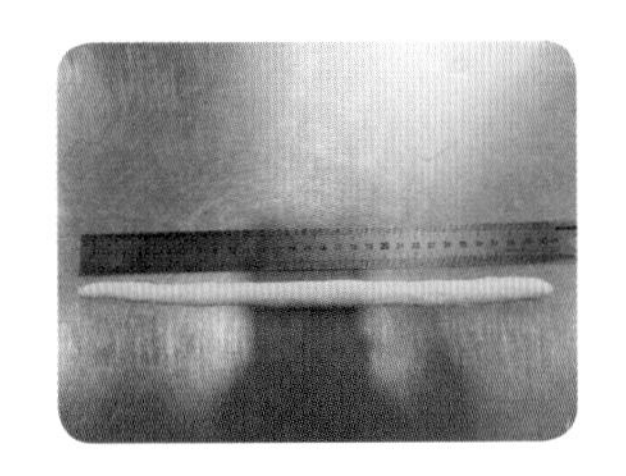

14 두꺼운 쪽을 달팽이 모양으로 말아준다.

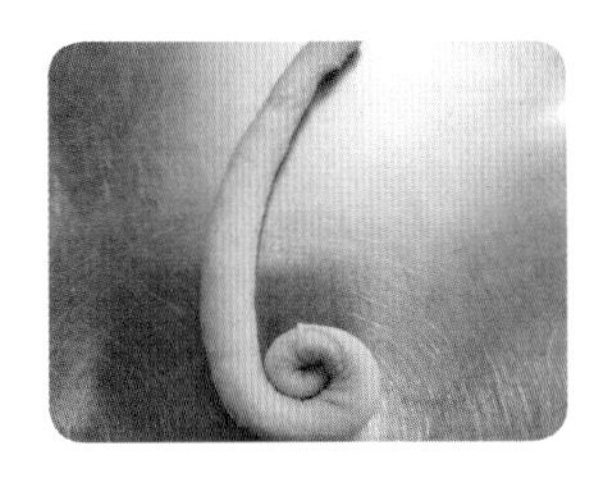

15 시계방향으로 느슨하게 말아준다.

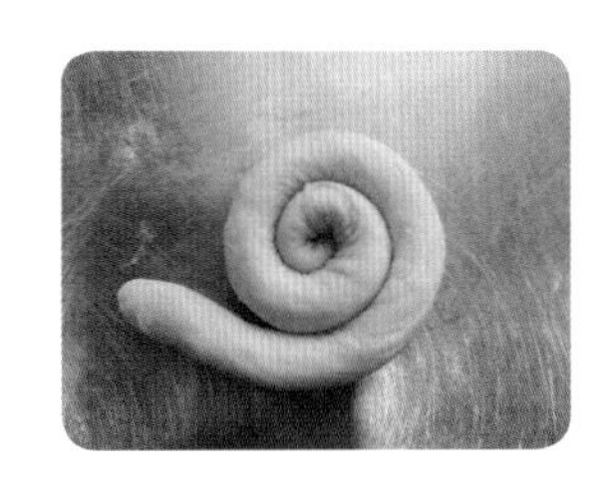

※ 달팽이 모양은 끝부분을 약 3cm 남기고 밑에 넣어 풀리지 않도록 한다.

16 얇은 부분을 밑에 넣어 마무리한다.

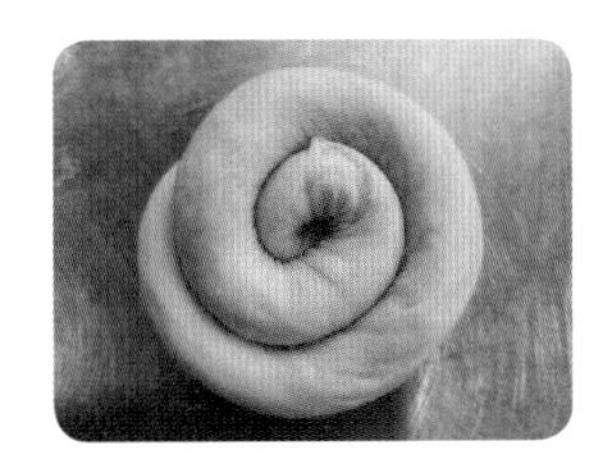

17 2차 발효 온도 35~40℃, 습도 85~90% 약 35~40분 발효한다.(상태확인)

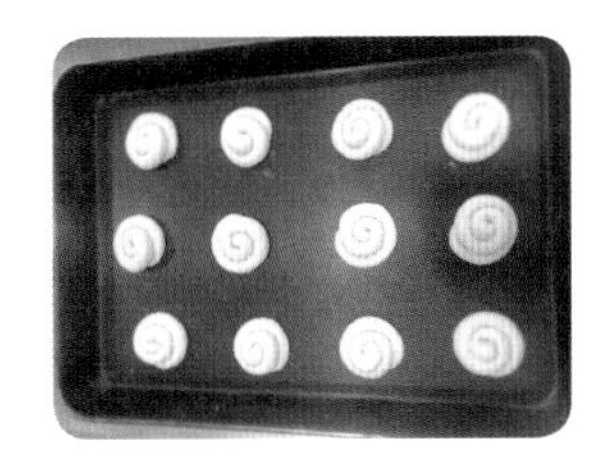

18 오븐 온도 윗불 200℃/아랫불 150℃ 약 12~15분 굽는다.(상태확인)

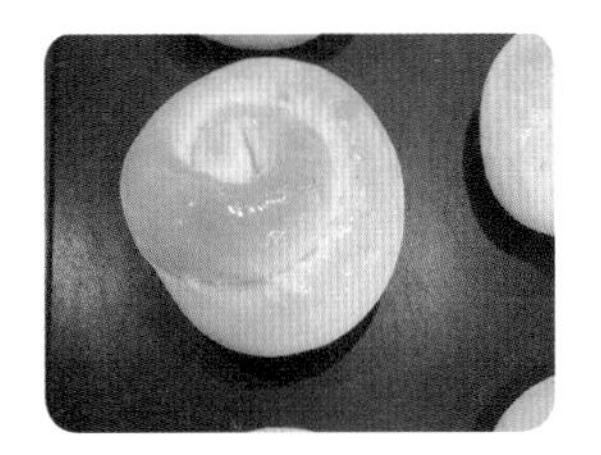

※ 팬닝 후 달걀물 칠을 골고루 얇게 펴 바르고 발효실에 넣는다.

19 오븐 온도 윗불 200℃/아랫불 150℃ 약 12~15분 굽는다.(상태확인)

20 완제품

최종 제품평가

껍질 : 윗면은 황금갈색으로 굽고 옆면과 밑면의 색이 연하게 나야 한다.
8자형과 달팽이 모양이 풀리거나 껍질에 기포가 생기면 감점된다.

부피 : 반죽 50g의 부피가 적당해야 하며 크거나 작으면 감점된다.

균형 : 빵의 표면이 볼륨 있는 모양으로 일정하고 대칭이 되어야 한다.
옆면이 찌그러지거나 8자형, 달팽이 모양의 대칭이 맞지 않으면 감점된다.

내상 : 빵을 자른 단면은 기공이 없고 조직이 균일하고 부드러워야 하며 줄무늬, 어두운 색이 나면 감점된다.

맛향 : 단과자빵의 은은한 향과 식감이 부드럽고 좋아야 한다.
오래 굽거나 발효 부족으로 딱딱한 식감이 나면 감점된다.

※ 덧가루 사용을 최소화한다.
중간발효 후 정형은 2번에 나누어 만든다.(과발효 시 모양이 깔끔하게 안 된다)
길이 25cm로 두께를 일정하게 밀어펴고 8자형과 달팽이 모양이 나오도록 한다.
2차 발효를 충분히 해서 빵을 부드럽게 굽는다.

MEMO

단과자빵(크림빵)

시험시간	3시간 30분	제조방법	스트레이트법

배합표	비율(%)	재료명	무게(g)
	100	강력분	800
	53	물	424
	4	이스트	32
	2	제빵개량제	16
	2	소금	16
	16	설탕	128
	12	쇼트닝	96
	2	분유	16
	10	달걀	80
	201	계	1,608
	※ 충전용 재료는 계량시간에서 제외		
	비율(%)	재료명	무게(g)
	(1개당 30g)	커스터드 크림	360

<table>
<tr><td>요구
사항</td><td colspan="3">

※ 단과자빵(크림빵)을 제조하여 제출하시오.

❶ 배합표의 각 재료를 계량하여 재료별로 진열하시오.(9분)

- 재료계량(재료당 1분)→[감독위원 계량 확인]→작품제조 및 정리정돈(전체 시험시간-재료계량시간)
- 재료계량시간 내에 계량을 완료하지 못하여 시간이 초과한 경우 및 계량을 잘못한 경우는 추가의 시간부여 없이 작품제조 및 정리정돈 시간을 활용하여 요구사항의 무게대로 계량
- 달걀의 계량은 감독위원이 지정하는 개수로 계량

❷ 반죽은 스트레이트법으로 제조하시오.(단, 유지는 클린업 단계에 첨가하시오)
❸ 반죽온도는 27℃를 표준으로 하시오.
❹ 반죽 1개의 분할무게는 45g, 1개당 크림 사용량은 30g으로 제조하시오.
❺ 제품 중 12개(충전용)는 크림을 넣은 후 굽고, 12개(비충전용)는 반달형으로 크림을 충전하지 말고 제조하시오.
❻ 남은 반죽은 감독위원의 지시에 따라 별도로 제출하시오.

</td></tr>
<tr><td>공정
준비</td><td>▶ 재료계량하기
▶ 도구 준비
▶ 물온도 준비
▶ 발효실 확인</td><td>요구
point</td><td>▶ 재료계량 : 9분
▶ 반죽온도 : 27℃ ± 1
▶ 스트레이트법 제조</td></tr>
<tr><td>준비물
(도구)</td><td colspan="3">스크래퍼, 덧가루(강력분), 온도계, 비닐, 평철판 4장(시험 시 2장 필요), 저울, 헤라, 물 약간, 식용유 약간, 손거품기</td></tr>
</table>

제조 공정

01 재료를 주어진 시간에 맞게 정확히 계량(개당 1분)	**02** 버터를 제외하고 모든 재료를 혼합한다. 모든 재료가 수화되면 버터를 넣고 반죽	**03** 반죽의 완료점은 최종단계까지 반죽
		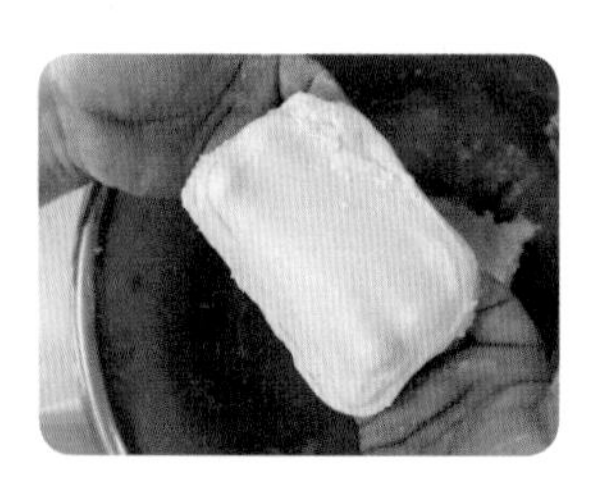

※ 최종단계는 글루텐의 탄력성과 신장성이 최대이다. 최종단계까지 반죽한다.

04 반죽온도 체크 : 27℃ ±1 (26~28℃)	**05** 1차 발효기 온도 27℃, 습도 75~80% 약 40~45분 동안 1차 발효한다.	**06** 분할 중량 45g씩 24개 분할한다. 남은 반죽은 감독위원의 지시에 따른다.
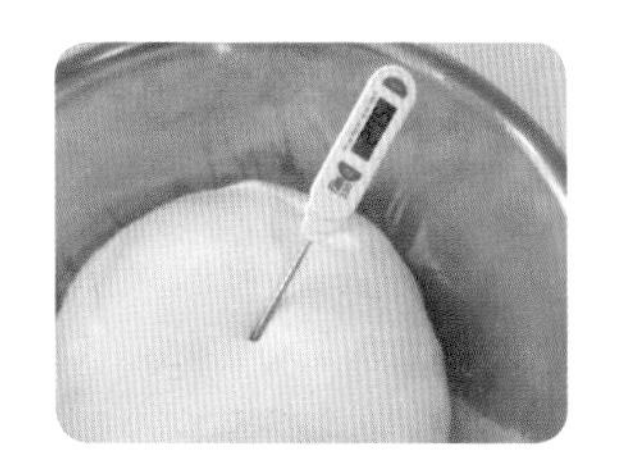	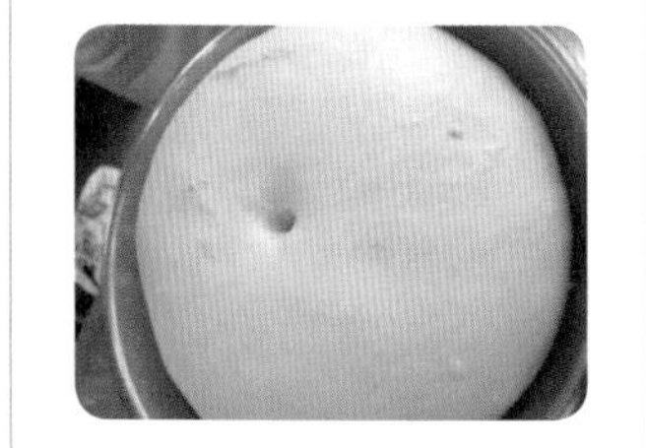	
07 둥글리기한 후, 비닐을 덮고 실온에서 약 10분 동안 중간발효한다.	**08** 밀대를 이용하여 밀어편다. 윗면 폭 7cm, 길이 12cm의 타원형	**09** 크림 30g을 충전하여 충전용 12개 제조
	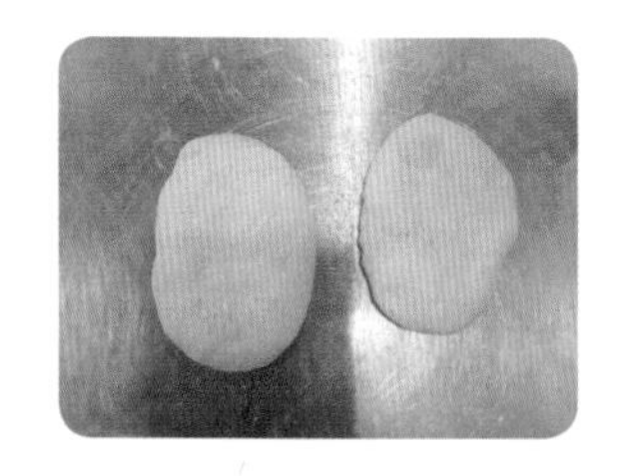	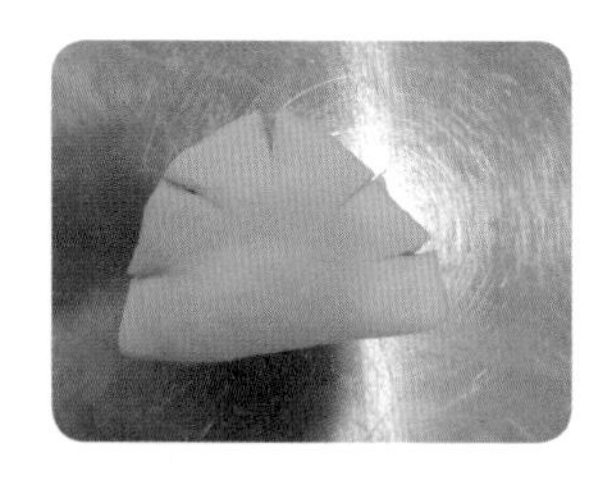

※ 크림빵 모양은 12개씩 나누어 만들고 순서대로 정형한다.(팬 1개씩 완성)

10 식용유를 사용하여 비충전용 12개 제조 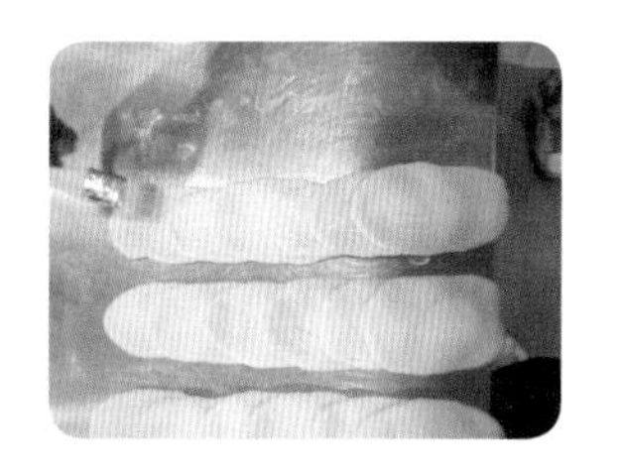	**11** 크림을 넣어 정형한 크림빵 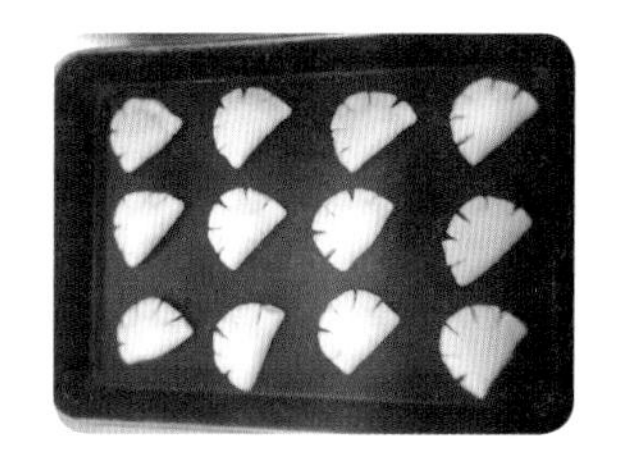	**12** 크림을 넣지 않고 정형한 크림빵 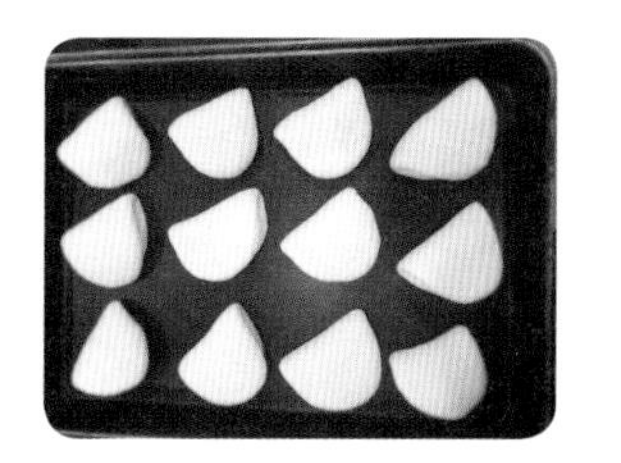

※ 정형 후 일정한 간격으로 팬닝한다.(3×4, 12개 팬닝)

13 2차 발효 온도 35~40℃, 습도 85~90% 약 35~40분 발효한다.(상태확인) 	**14** 오븐 온도 윗불 200℃/아랫불 150℃ 약 12~15분 굽는다.(상태확인) 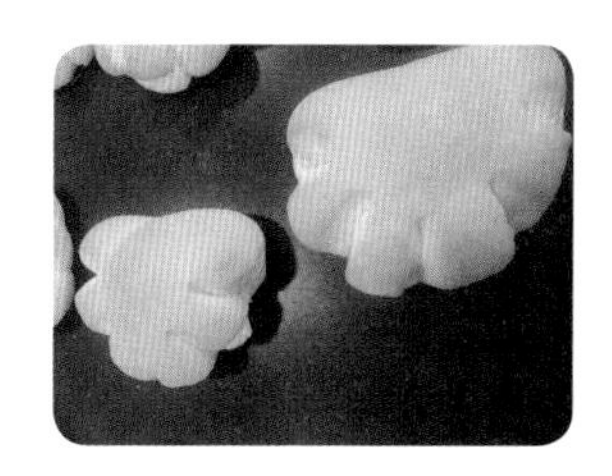	

최종 제품평가

껍질 : 윗면은 황금갈색으로 굽고 옆면과 밑면의 색이 연하게 나야 한다.
크림 충전물이 새어 나오거나 껍질에 기포가 생기면 감점된다.

부피 : 반죽 50g의 부피가 적당해야 하며 크거나 작으면 감점된다.

균형 : 빵의 표면이 볼륨 있는 모양으로 일정하고 대칭이 되어야 한다.
옆면이 찌그러지거나 크림빵 모양의 대칭이 맞지 않으면 감점된다.

내상 : 빵을 자른 단면은 기공이 없고 조직이 균일하고 부드러워야 하며 줄무늬, 어두운 색이 나면 감점된다.
크림을 넣어 만든 빵은 크림이 중앙에 분포되어야 한다.

맛향 : 크림빵의 은은한 향과 식감이 부드럽고 좋아야 한다.
오래 굽거나 발효 부족으로 딱딱한 식감이 나면 감점된다.

※ 덧가루 사용을 최소화한다.
중간발효 후 정형은 2번에 나누어 만든다.(과발효 시 모양이 깔끔하게 안 된다)
폭 7cm, 길이 12cm로 두께를 일정하게 밀어펴고 타원형 모양이 나오도록 한다.
2차 발효를 충분히 해서 빵을 부드럽게 굽는다.

풀만식빵

시험시간	3시간 40분	제조방법	스트레이트법

	비율(%)	재료명	무게(g)
배합표	100	강력분	1,400
	58	물	812
	4	이스트	56
	1	제빵개량제	14
	2	소금	28
	6	설탕	84
	4	쇼트닝	56
	5	달걀	70
	3	분유	42
	183	계	2,562

<table>
<tr><td>요구
사항</td><td colspan="3">※ 풀만식빵을 제조하여 제출하시오.
❶ 배합표의 각 재료를 계량하여 재료별로 진열하시오.(9분)
• 재료계량(재료당 1분)→[감독위원 계량 확인]→작품제조 및 정리정돈(전체 시험시간-재료계량시간)
• 재료계량시간 내에 계량을 완료하지 못하여 시간이 초과한 경우 및 계량을 잘못한 경우는 추가의 시간부여 없이 작품제조 및 정리정돈 시간을 활용하여 요구사항의 무게대로 계량
• 달걀의 계량은 감독위원이 지정하는 개수로 계량
❷ 반죽은 스트레이트법으로 제조하시오.(단, 유지는 클린업 단계에 첨가하시오)
❸ 반죽온도는 27℃를 표준으로 하시오.
❹ 표준분할무게는 250g으로 하고, 제시된 팬의 용량을 감안하여 결정하시오.
(단, 분할무게×2를 1개의 식빵으로 함)
❺ 반죽은 전량을 사용하여 성형하시오.</td></tr>
<tr><td>공정
준비</td><td>▶ 재료계량하기
▶ 도구 준비
▶ 풀만식빵틀 준비
▶ 발효실 확인</td><td>요구
point</td><td>▶ 재료계량 : 9분
▶ 반죽온도 : 27℃ ± 1
▶ 스트레이트법 제조</td></tr>
<tr><td>준비물
(도구)</td><td colspan="3">스크래퍼, 덧가루(강력분), 온도계, 비닐, 풀만식빵틀 5개, 저울, 밀대</td></tr>
</table>

01 재료를 주어진 시간에 맞게 정확히 계량(개당 1분)

02 쇼트닝을 제외하고 모든 재료를 혼합한다. 모든 재료가 수화되면 쇼트닝을 넣고 반죽

03 반죽의 완료점은 최종단계까지 반죽

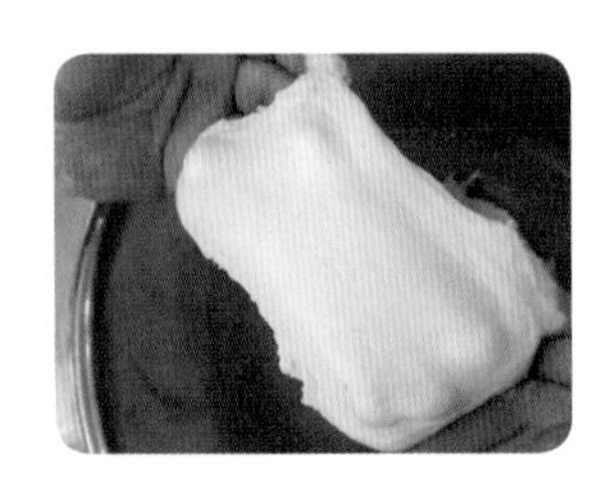

※ 최종단계는 글루텐의 탄력성과 신장성이 최대이다. 최종단계까지 반죽한다.

04 반죽온도 체크 : 27℃ ±1 (26~28℃)

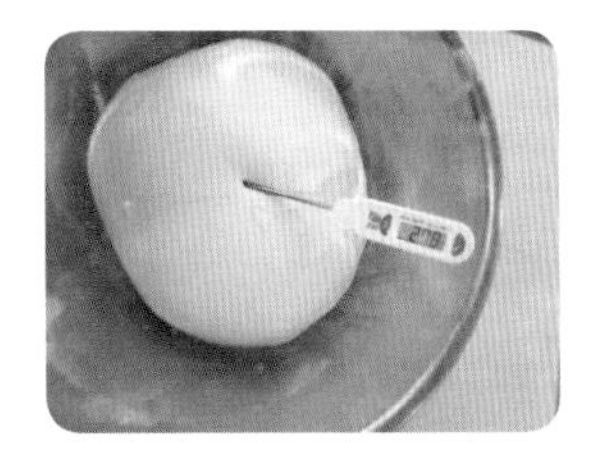

05 1차 발효기 온도 27℃, 습도 75~80% 약 40~45분 동안 1차 발효한다.

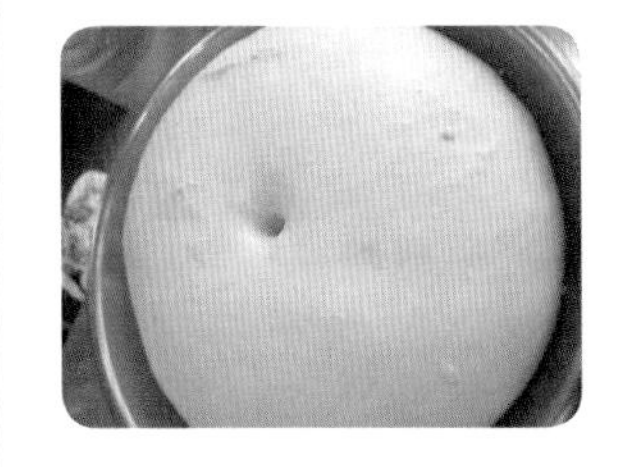

06 분할 중량 250g씩 10개 분할한다.

07 둥글리기한 후, 비닐을 덮고 실온에서 약 10분 동안 중간발효한다.

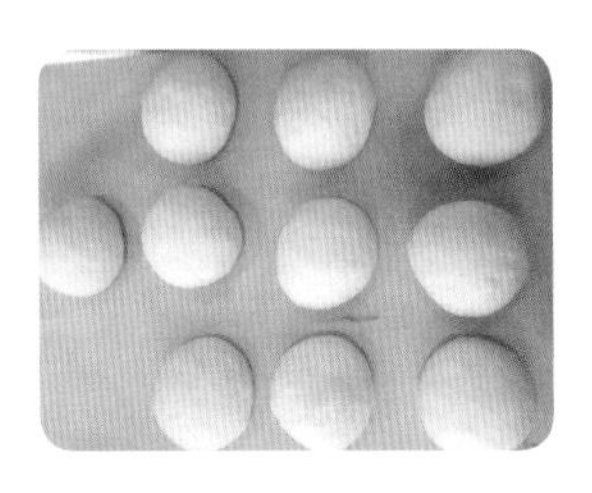

08 중간발효가 완료되면 밀대를 이용하여 반죽을 밀어 편다.

09 밀어편 반죽을 3절 접기한다.

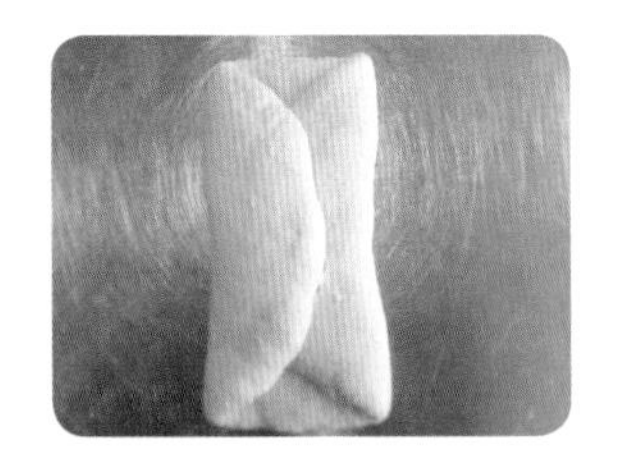

10 접은 반죽을 말아 이음매를 봉한다. 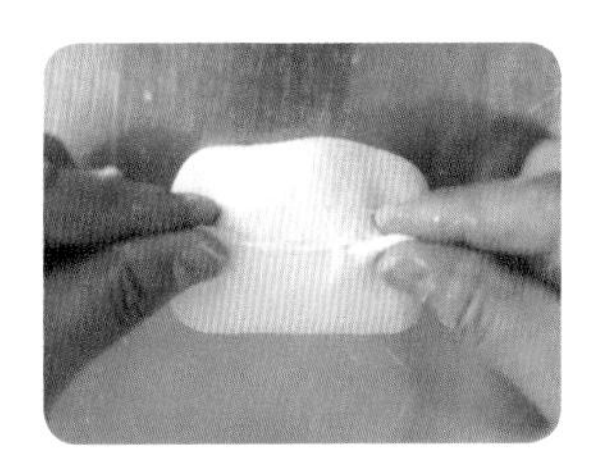	**11** 이음매가 바닥을 향하게 해서 2개씩 팬닝하고 윗면을 손으로 가볍게 누른다. 	**12** 2차 발효 온도 35~40℃, 습도 85~90% 약 35~40분 발효한다.(상태확인) 
	※ 가볍게 눌러서 바닥의 공기 제거	※ 식빵틀 높이보다 약 1cm 낮을 때까지 발효
13 풀만식빵 덮개를 닫는다. 	**14** 오븐 온도 윗불 190℃/아랫불 190℃ 약 35~40분 굽는다.(상태확인) 	

최종 제품평가

껍질 : 윗면, 옆면, 밑면이 황금갈색으로 고르게 나야 한다.

부피 : 반죽의 중량과 팬의 크기에 맞게 부피가 적정해야 한다.
발효가 부족하여 빵의 모서리가 둥글게 완성되거나 발효가 지나쳐 틀 밖으로 반죽이 넘치면 감점된다.

균형 : 오븐에서 꺼낸 후 옆면이 찌그러지거나 주저앉으면 감점된다.

내상 : 빵을 자른 단면은 기공이 없고 조직이 균일하고 부드러워야 하며 줄무늬, 어두운 색이 나면 감점된다.

맛향 : 식빵의 은은한 향과 식감이 부드럽고 좋아야 한다.
오래 구워 껍질이 두껍고 질기거나 탄 냄새가 나면 감점된다.

※ 2차 발효가 식빵틀보다 약 1cm 낮을 때 덮개를 닫는다.
오븐 온도를 일정하게 해서 전체 색깔이 일정하게 굽는다.
발효가 많으면 덮개 사이로 반죽이 밀려 나온다.
일반 식빵보다 약 5분 더 굽는다.

단과자빵(소보로빵)

시험시간	3시간 30분	제조방법	스트레이트법

배합표	빵반죽			토핑용 소보로 (※ 계량시간에서 제외)		
	비율(%)	재료명	무게(g)	비율(%)	재료명	무게(g)
	100	강력분	900	100	중력분	300
	47	물	423(422)	60	설탕	180
	4	이스트	36	50	마가린	150
	1	제빵개량제	9(8)	15	땅콩버터	45(46)
	2	소금	18	10	달걀	30
	18	마가린	162	10	물엿	30
	2	탈지분유	18	3	탈지분유	9(10)
	15	달걀	135(136)	2	베이킹파우더	6
	16	설탕	144	1	소금	3
	205	계	1,845(1,844)	251	계	753(752)

<table>
<tr><td rowspan="1">요구
사항</td><td colspan="3">

※ 단과자빵(소보로빵)을 제조하여 제출하시오.
❶ 배합표의 각 재료를 계량하여 재료별로 진열하시오.(9분)
• 재료계량(재료당 1분)→[감독위원 계량 확인]→작품제조 및 정리정돈(전체 시험시간-재료계량시간)
• 재료계량시간 내에 계량을 완료하지 못하여 시간이 초과한 경우 및 계량을 잘못한 경우는 추가의 시간부여 없이 작품제조 및 정리정돈 시간을 활용하여 요구사항의 무게대로 계량
• 달걀의 계량은 감독위원이 지정하는 개수로 계량
❷ 반죽은 스트레이트법으로 제조하시오.(단, 유지는 클린업 단계에 첨가하시오)
❸ 반죽온도는 27℃를 표준으로 하시오.
❹ 반죽 1개의 분할무게는 50g, 1개당 소보로 사용량은 약 30g 정도로 제조하시오.
❺ 토핑용 소보로는 배합표에 따라 직접 제조하여 사용하시오.
❻ 반죽은 24개를 성형하여 제조하고, 남은 반죽은 감독위원의 지시에 따라 별도로 제출하시오.

</td></tr>
<tr><td>공정
준비</td><td>▶ 재료계량하기
▶ 도구 준비
▶ 물온도 준비
▶ 발효실 확인</td><td>요구
point</td><td>▶ 재료계량 : 9분
▶ 반죽온도 : 27℃ ± 1
▶ 스트레이트법 제조</td></tr>
<tr><td>준비물
(도구)</td><td colspan="3">스크래퍼, 덧가루(강력분), 온도계, 비닐, 평철판 3장(시험 시 2장 필요), 손거품기, 저울, 고무주걱</td></tr>
</table>

01 재료를 주어진 시간에 맞게 정확히 계량(개당 1분)

02 마가린을 제외하고 모든 재료를 혼합한다. 모든 재료가 수화되면 마가린을 넣고 반죽

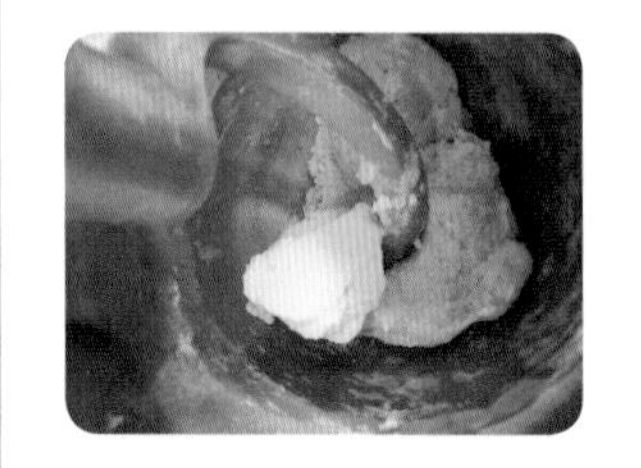

03 반죽의 완료점은 최종단계까지 반죽

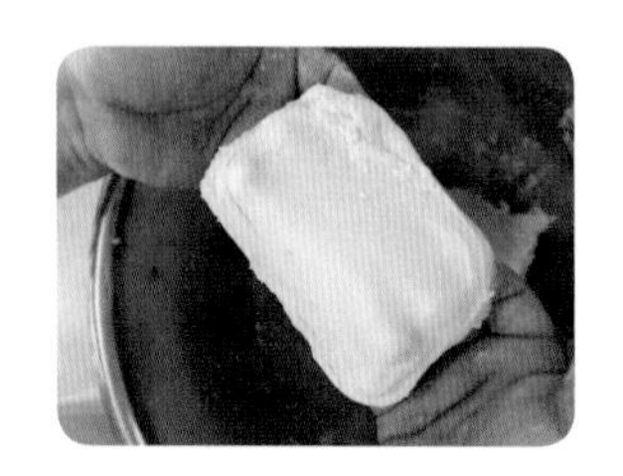

※ 최종단계는 글루텐의 탄력성과 신장성이 최대이다. 최종단계까지 반죽한다.

04 반죽온도 체크 : 27℃ ±1 (26~28℃)

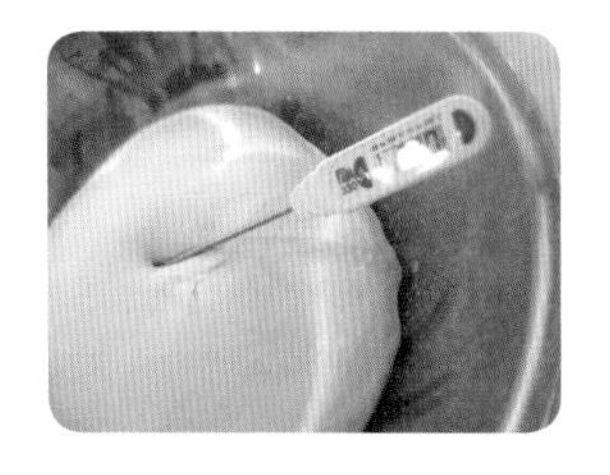

05 〈토핑 제조〉
마가린, 땅콩버터, 물엿을 부드럽게 풀고 설탕과 소금을 넣고 섞는다.

06 달걀 30g을 넣으며 크림상태로 한다.

07 체친 가루를 섞는다. (중력분, 탈지분유, 베이킹파우더)

08 토핑용으로 보슬보슬하게 비벼준다.

09 1차 발효기 온도 27℃, 습도 75~80% 약 40~45분 동안 1차 발효한다.

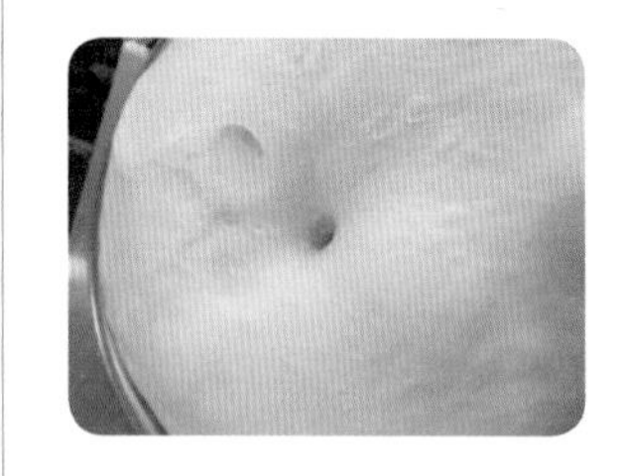

10 분할 중량 50g씩 24개 분할한다. 남은 반죽은 감독위원의 지시에 따른다.

11 둥글리기 후 비닐을 덮고 순서대로 한 개씩 꺼내어 물을 묻힌다.

12 물을 묻힌 면에 준비된 소보로 토핑을 찍으며 정형한다.

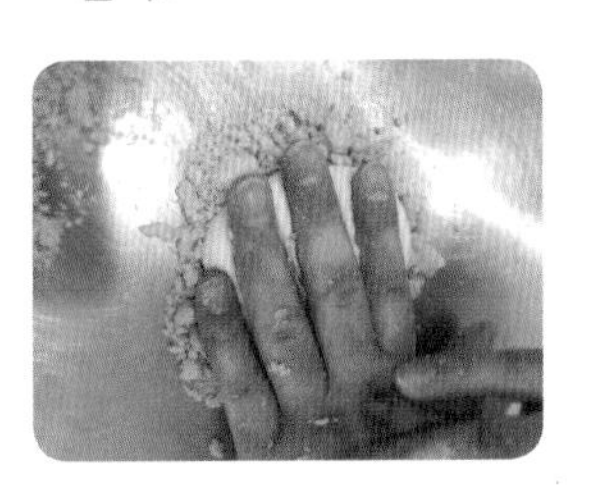

※ 중간발효가 많으면 소보로 모양이 찌그러지고 토핑물이 많이 묻는다.

13 일정한 간격으로 12개씩 팬닝한다.

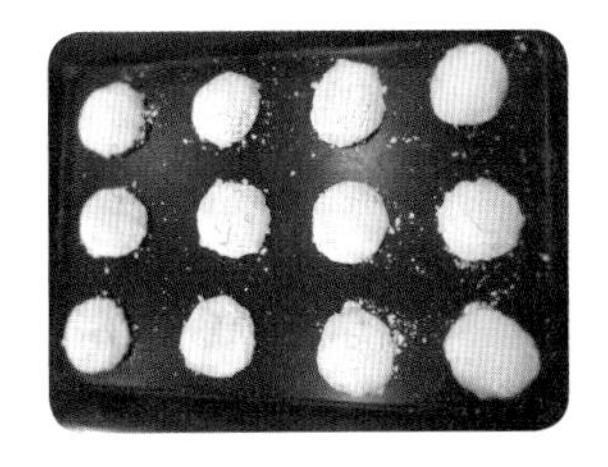

14 2차 발효 온도 35~40℃, 습도 85~90% 약 35~40분 발효한다.(상태확인)

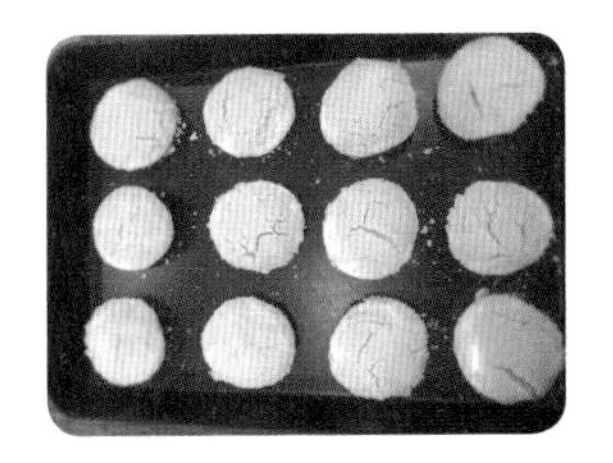

15 오븐 온도 윗불 200℃/아랫불 160℃ 약 15~20분 굽는다.(상태확인)

※ 팬닝 시 공 모양으로 둥글게 잡아준다.

15 완제품

최종 제품평가

껍질 : 윗면은 황금갈색으로 굽고 옆면과 밑면의 색이 균일하게 나야 한다.
토핑물이 고르게 묻고 자연스럽게 갈라져야 한다.

부피 : 반죽 50g의 부피가 적당해야 하며 크거나 작으면 감점된다.

균형 : 빵의 표면이 볼륨 있는 모양으로 일정하고 대칭이 되어야 한다.
옆면이 찌그러지거나 소보로 토핑의 묻힘이 일정하지 않으면 감점된다.

내상 : 빵을 자른 단면은 기공이 없고 조직이 균일하고 부드러워야 하며 줄무늬, 어두운 색이 나면 감점된다.

맛향 : 소보로빵의 은은한 향과 겉의 토핑은 바삭하고 고소해야 하며 땅콩향이 조화롭고 빵 속은 부드러워야 한다. 탄 냄새가 나면 감점된다.

※ 중간발효를 짧게 하고 되도록이면 둥글리기 후 바로 소보로를 찍는 것이 좋다.
소보로 토핑을 30g 모두 묻게 찍고 팬닝 시 둥근 모양으로 팬닝한다.
50g 반죽의 부피를 생각하고 2차 발효(지름 약 9cm)를 해야 한다.

MEMO

쌀식빵

시험시간	3시간 40분	제조방법	스트레이트법

	비율(%)	재료명	무게(g)
배합표	70	강력분	910
	30	쌀가루	390
	63	물	819(820)
	3	이스트	39(40)
	1.8	소금	23.4(24)
	7	설탕	91(90)
	5	쇼트닝	65(66)
	4	탈지분유	52
	2	제빵개량제	26
	185.8	계	2,415.4(2,418)

<table>
<tr><td>요구
사항</td><td colspan="3">

※ 쌀식빵을 제조하여 제출하시오.

❶ 배합표의 각 재료를 계량하여 재료별로 진열하시오.(9분)

• 재료계량(재료당 1분)→[감독위원 계량 확인]→작품제조 및 정리정돈(전체 시험시간-재료계량시간)
• 재료계량시간 내에 계량을 완료하지 못하여 시간이 초과한 경우 및 계량을 잘못한 경우는 추가의 시간부여 없이 작품제조 및 정리정돈 시간을 활용하여 요구사항의 무게대로 계량
• 달걀의 계량은 감독위원이 지정하는 개수로 계량

❷ 반죽은 스트레이트법으로 제조하시오.(단, 유지는 클린업 단계에 첨가하시오)
❸ 반죽온도는 27℃를 표준으로 하시오.
❹ 분할무게는 198g씩으로 하고, 제시된 팬의 용량을 감안하여 결정하시오.
(단, 분할무게×3을 1개의 식빵으로 함)
❺ 반죽은 전량을 사용하여 성형하시오.

</td></tr>
<tr><td>공정
준비</td><td>▶ 재료계량하기
▶ 도구 준비
▶ 식빵틀 준비
▶ 발효실 확인</td><td>요구
point</td><td>▶ 재료계량 : 9분
▶ 반죽온도 : 27℃ ± 1
▶ 스트레이트법 제조</td></tr>
<tr><td>준비물
(도구)</td><td colspan="3">스크래퍼, 덧가루(강력분), 온도계, 비닐, 식빵틀 4개, 저울, 밀대</td></tr>
</table>

01 재료를 주어진 시간에 맞게 정확히 계량(개당 1분) 	**02** 쇼트닝을 제외하고 모든 재료를 혼합한다. 모든 재료가 수화되면 쇼트닝을 넣고 반죽 	**03** 반죽의 완료점은 발전단계까지 반죽 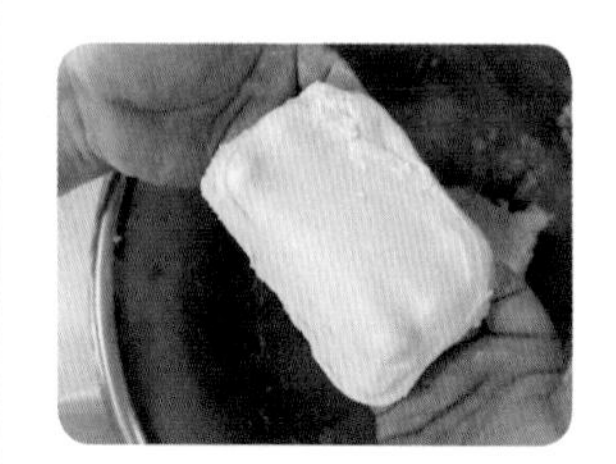

※ 발전단계는 글루텐의 탄력성이 최대이다. 발전단계까지 반죽한다.

04 반죽온도 체크 : 27℃ ±1 (26~28℃) 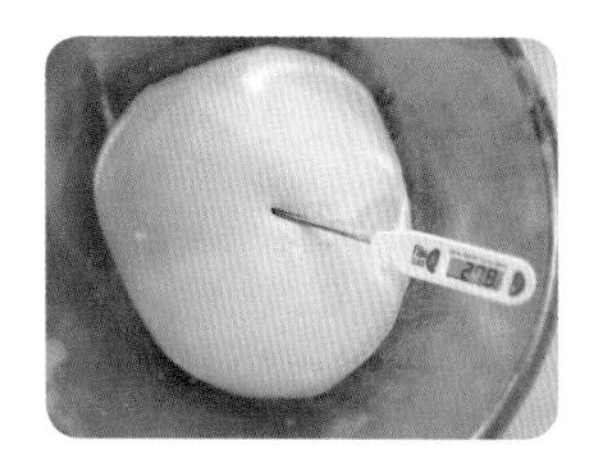	**05** 1차 발효기 온도 27℃, 습도 75~80% 약 50~60분 동안 1차 발효한다. 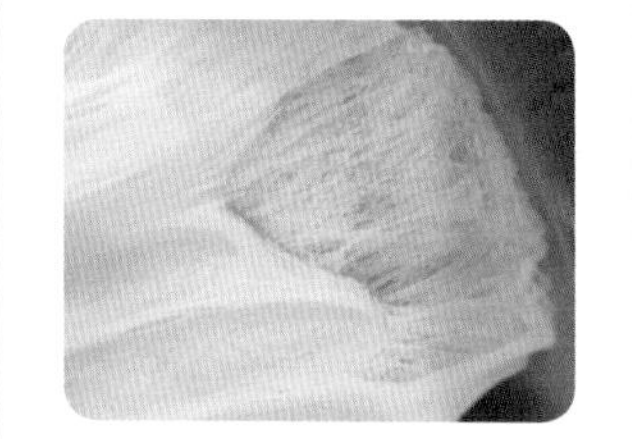	**06** 분할 중량 198g씩 12개 분할한다. 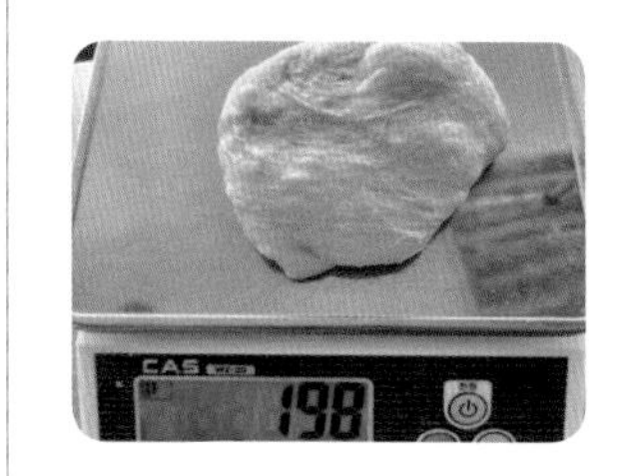
07 둥글리기한 후 비닐을 덮고 실온에서 약 10분 동안 중간발효한다. 	**08** 중간발효가 완료되면 밀대를 이용하여 반죽을 밀어 편다. 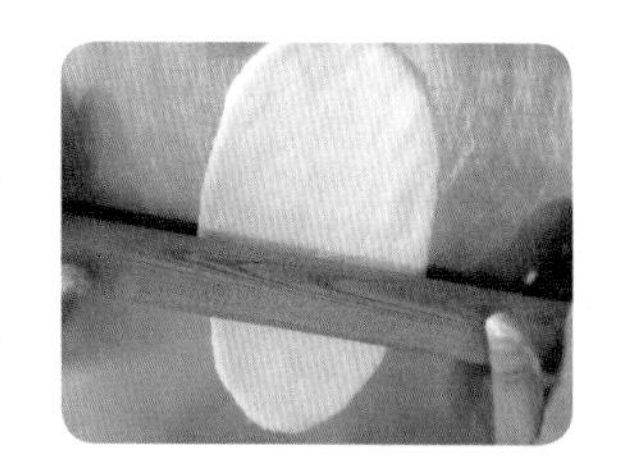	**09** 밀어편 반죽을 3절 접기한다. 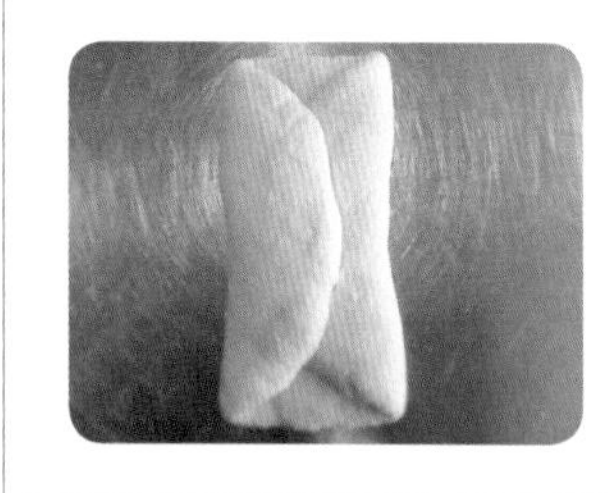
10 접은 반죽을 말아 이음매를 봉한다. 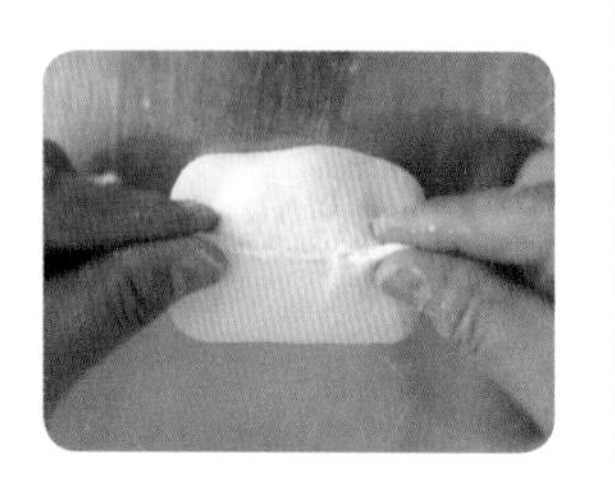	**11** 이음매가 바닥을 향하게 하여 3개씩 팬닝하고 윗면을 손으로 가볍게 누른다. 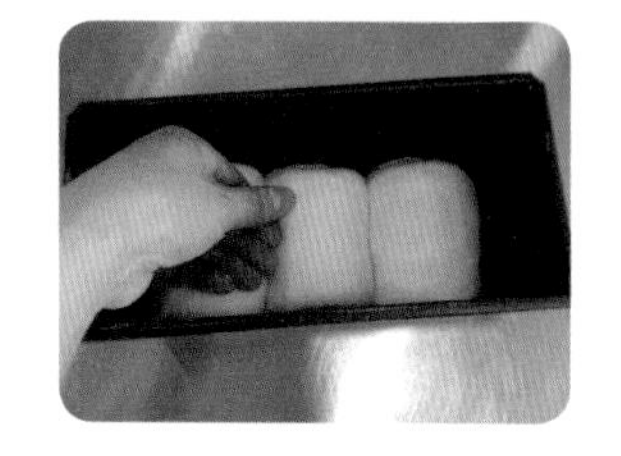	**12** 2차 발효 온도 35~40℃, 습도 85~90% 약 35~40분 발효한다.(상태확인) 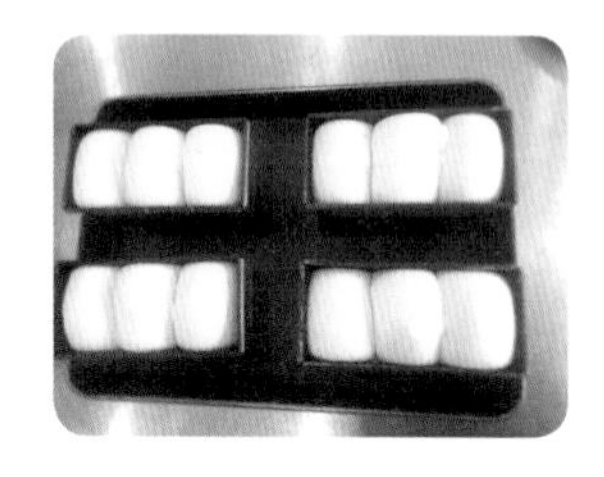

	※ 가볍게 눌러서 바닥의 공기 제거	※ 식빵틀 높이보다 1~1.5cm 높을 때 굽는다.
13 오븐 온도 윗불 160℃/아랫불 170℃ 약 30~35분 굽는다.(상태확인) 	**14** 완제품 	

최종 제품평가

껍질 : 윗면은 황금갈색으로 굽고 옆면과 밑면의 색이 고르게 나야 한다.

부피 : 팬 높이보다 약 3cm가량 높아야 하며 크거나 작으면 감점이다.

균형 : 오븐에서 꺼낸 후 옆면이 찌그러지거나 밑면 틈새가 생기면 감점된다.

내상 : 빵을 자른 단면은 기공이 없고 조직이 균일하고 부드러워야 하며 내상은 옅은 미색을 띠어야 한다.
줄무늬와 어두운 색이 나면 감점된다.

맛향 : 쌀의 구수한 맛과 향이 조화롭고 은은한 향과 식감이 부드러워야 한다.

※ 쌀가루 첨가로 글루텐 형성이 빨라 오버믹싱하지 않도록 주의한다.
정형 시 좌우대칭이 잘 맞아야 완성품이 잘 나온다.
옆면의 껍질이 만들어져야 찌그러지지 않고 주저앉지 않는다.
오래 구워서 옆면이 들어가지 않도록 한다.
가스보유력이 떨어져 분할 중량이 많다. 2차 발효를 작게 하지 않도록 한다.

호밀빵

시험시간	3시간 30분	제조방법	스트레이트법

	비율(%)	재료명	무게(g)
배합표	70	강력분	770
	30	호밀가루	330
	3	이스트	33
	1	제빵개량제	11(12)
	60~65	물	660~715
	2	소금	22
	3	황설탕	33(34)
	5	쇼트닝	55(56)
	2	탈지분유	22
	2	몰트액	22
	178~183	계	1,958~2,016

요구사항	**※ 호밀빵을 제조하여 제출하시오.** ❶ 배합표의 각 재료를 계량하여 재료별로 진열하시오.(10분) • 재료계량(재료당 1분)→[감독위원 계량 확인]→작품제조 및 정리정돈(전체 시험시간-재료계량시간) • 재료계량시간 내에 계량을 완료하지 못하여 시간이 초과한 경우 및 계량을 잘못한 경우는 추가의 시간부여 없이 작품제조 및 정리정돈 시간을 활용하여 요구사항의 무게대로 계량 • 달걀의 계량은 감독위원이 지정하는 개수로 계량 ❷ 반죽은 스트레이트법으로 제조하시오. ❸ 반죽온도는 25℃를 표준으로 하시오. ❹ 표준분할무게는 330g으로 하시오. ❺ 제품의 형태는 타원형(럭비공 모양)으로 제조하고, 칼집 모양을 가운데 일자로 내시오. ❻ 반죽은 전량을 사용하여 성형하시오.

공정 준비	▶ 재료계량하기 ▶ 도구 준비 ▶ 물온도 준비 ▶ 발효실 확인	요구 point	▶ 재료계량 : 10분 ▶ 반죽온도 : 25℃ ± 1 ▶ 스트레이트법 제조
준비물(도구)	밀대, 스크래퍼, 덧가루(강력), 온도계, 비닐, 평철판 2장, 분무기, 저울		

01 재료를 주어진 시간에 맞게 정확히 계량(개당 1분)

02 쇼트닝을 제외하고 모든 재료를 혼합한다. 모든 재료가 수화되면 쇼트닝을 넣고 반죽

03 반죽의 완료점은 발전단계까지 반죽

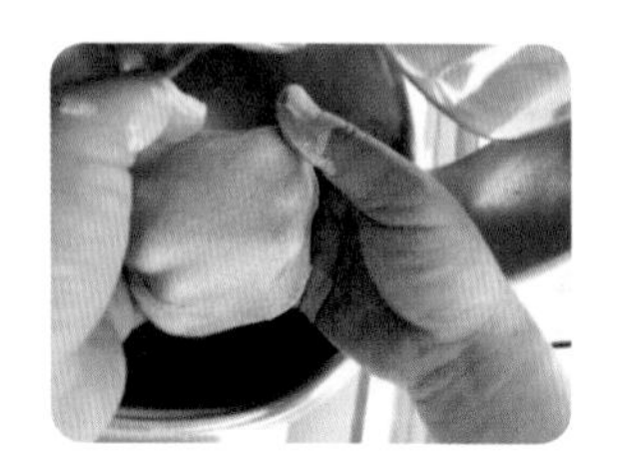

※ 발전단계는 글루텐의 탄력성이 최대이다. 발전단계까지 반죽한다.

※ 믹싱오버되면 반죽이 늘어지고 볼륨이 없어진다. 반죽의 탄력성이 필요하다.

04 반죽온도 체크 : 25℃ ±1 (24~26℃)

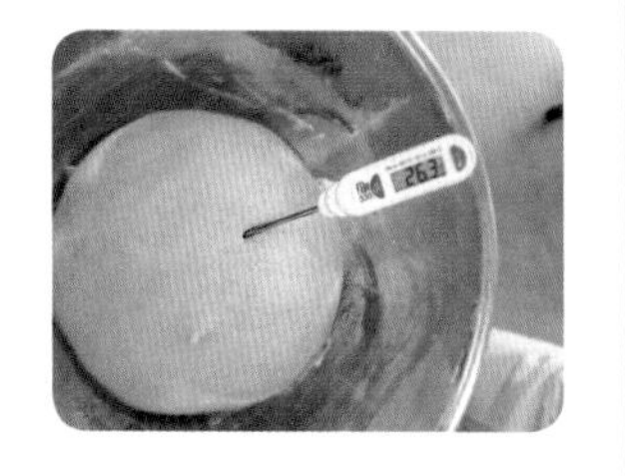

05 1차 발효기 온도 25℃, 습도 75~80% 약 40~45분 동안 1차 발효한다.

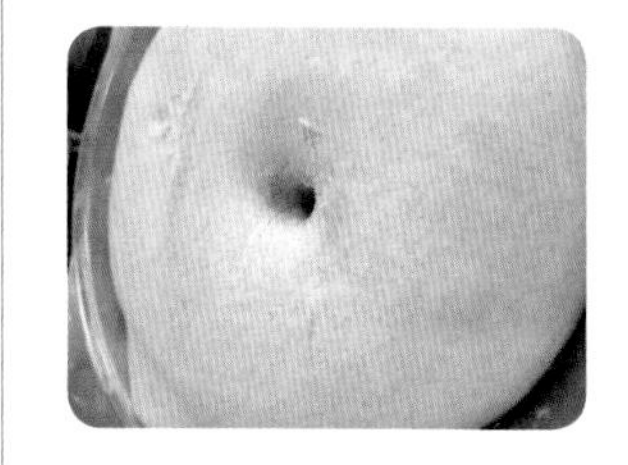

06 분할 중량 330g씩 분할한다.
남은 반죽은 감독위원의 지시에 따른다.

07 둥글리기한 후 비닐을 덮고 실온에서 약 10분 동안 중간발효한다.

08 밀대를 이용하여 타원형으로 밀어편다.

09 타원형(럭비공 모양)으로 말아준다.

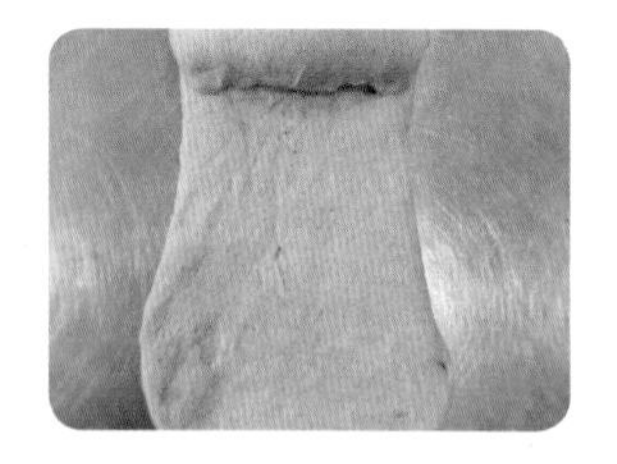

10 이음매를 잘 봉한다.

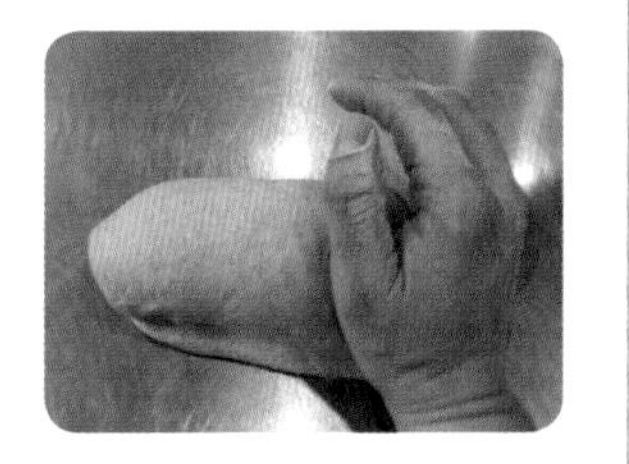

11 일정한 간격으로 3개씩 패닝한다.

12 2차 발효 온도 32~38℃, 습도 80~85% 약 30~35분 발효한다.(상태확인)

※ 약 2.5배가 될 때까지 발효한다. 2차 발효 이후에는 충격에 주의한다.

13 칼로 중앙을 가르고 물을 뿌린다.

14 오븐 온도 윗불 190℃/아랫불 160℃ 약 25~30분 굽는다.(상태확인)

최종 제품평가

껍질 : 윗면은 황금갈색으로 굽고 옆면과 밑면 등 전체 색이 균일하게 나야 한다.
터짐이 일정해야 하며 터짐이 불규칙하거나 껍질에 기포가 생기면 감점된다.

부피 : 반죽 330g의 부피가 적당해야 하며 크거나 작으면 감점된다.

균형 : 타원형 모양으로 가운데 칼집 모양이 일정하고 대칭이 되어야 한다.
옆면이 찌그러지거나 타원형 모양의 대칭이 맞지 않으면 감점된다.

내상 : 빵을 자른 단면은 큰 기공이 없고 조직이 균일하고 부드러워야 하며 호밀가루의 색이 전체적으로 고르게 나야 한다.
내상에 줄무늬와 어두운 색이 나면 감점된다.

맛향 : 호밀가루의 맛과 향이 잘 어우러지고 껍질은 얇고 속이 부드러워야 한다.
오래 굽거나 발효 부족으로 딱딱한 식감이 나면 감점된다.

※ 믹싱은 최종 80%까지만 한다.(발전단계)
발효실의 온도와 습도는 기본 제품보다 조금 낮춘다.
습도가 높으면 칼집을 내기 어렵다.
2차 발효 시 서로 붙지 않도록 팬닝에 주의한다.

버터톱 식빵

시험시간	3시간 30분	제조방법	스트레이트법

	비율(%)	재료명	무게(g)
배합표	100	강력분	1,200
	40	물	480
	4	이스트	48
	1	제빵개량제	12
	1.8	소금	21.6(22)
	6	설탕	72
	20	버터	240
	3	탈지분유	36
	20	달걀	240
	195.8	계	2,349.6(2,350)
	※ 계량시간에서 제외		
	비율(%)	재료명	무게(g)
	5	버터(바르기용)	60

<table>
<tr><td>요구
사항</td><td colspan="3">※ 버터톱 식빵을 제조하여 제출하시오.
❶ 배합표의 각 재료를 계량하여 재료별로 진열하시오.(9분)
• 재료계량(재료당 1분)→[감독위원 계량 확인]→작품제조 및 정리정돈(전체 시험시간-재료계량시간)
• 재료계량시간 내에 계량을 완료하지 못하여 시간이 초과한 경우 및 계량을 잘못한 경우는 추가의 시간부여 없이 작품제조 및 정리정돈 시간을 활용하여 요구사항의 무게대로 계량
• 달걀의 계량은 감독위원이 지정하는 개수로 계량
❷ 반죽은 스트레이트법으로 제조하시오.(단, 유지는 클린업 단계에 첨가하시오)
❸ 반죽온도는 27℃를 표준으로 하시오.
❹ 분할무게는 450g짜리 5개를 만드시오.(한 덩이 : one loaf)
❺ 윗면을 길이로 자르고 버터를 짜 넣는 형태로 만드시오.
❻ 반죽은 전량을 사용하여 성형하시오.</td></tr>
<tr><td>공정
준비</td><td>▶ 재료계량하기
▶ 도구 준비
▶ 식빵틀 준비
▶ 발효실 확인</td><td>요구
point</td><td>▶ 재료계량 : 9분
▶ 반죽온도 : 27℃ ± 1
▶ 스트레이트법 제조</td></tr>
<tr><td>준비물
(도구)</td><td colspan="3">스크래퍼, 덧가루(강력분), 온도계, 비닐, 식빵틀 5개, 저울, 밀대, 비닐짤주머니, 커터칼</td></tr>
</table>

제조 공정

01 재료를 주어진 시간에 맞게 정확히 계량(개당 1분)

02 버터를 제외하고 모든 재료를 혼합한다. 모든 재료가 수화되면 버터를 넣고 반죽

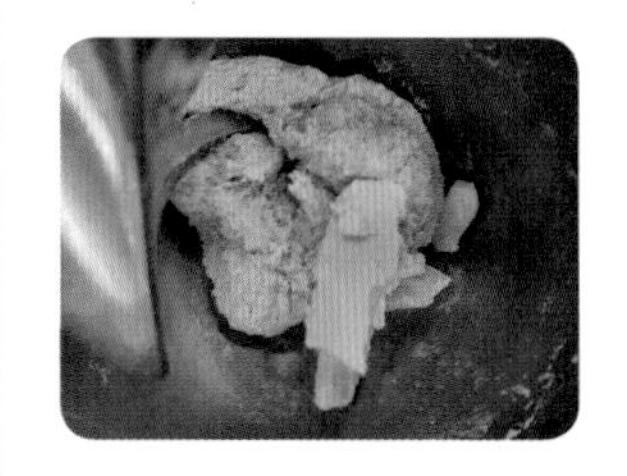

03 반죽의 완료점은 최종단계까지 반죽

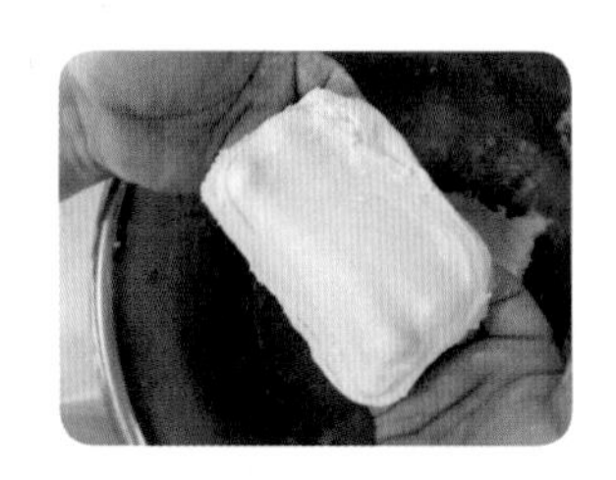

※ 최종단계는 글루텐의 탄력성과 신장성이 최대이다. 최종단계까지 반죽한다.

04 반죽온도 체크 : 27℃ ±1 (26~28℃)

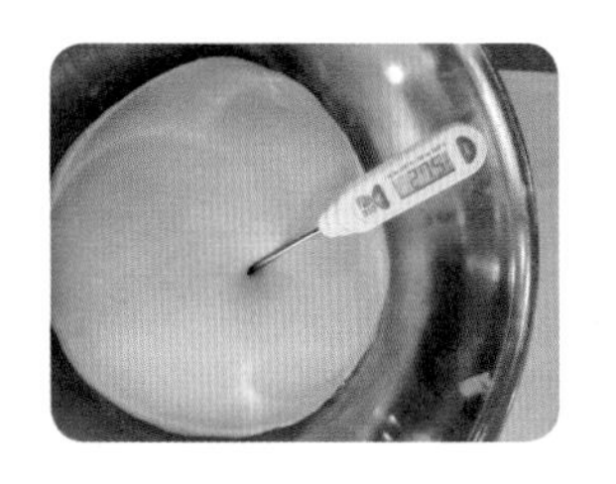

05 1차 발효기 온도 27℃, 습도 75~80% 약 40~45분 동안 1차 발효한다.

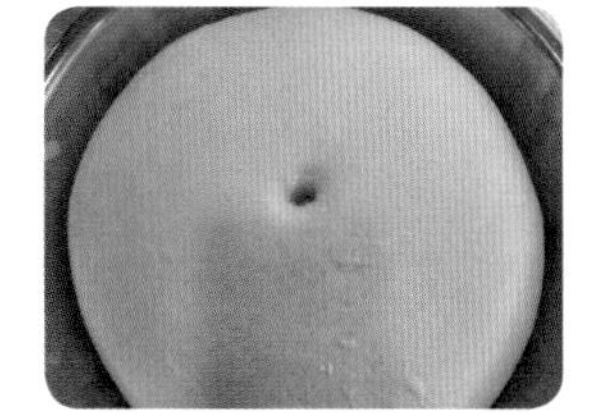

06 분할 중량 450g씩 5개 분할한다.

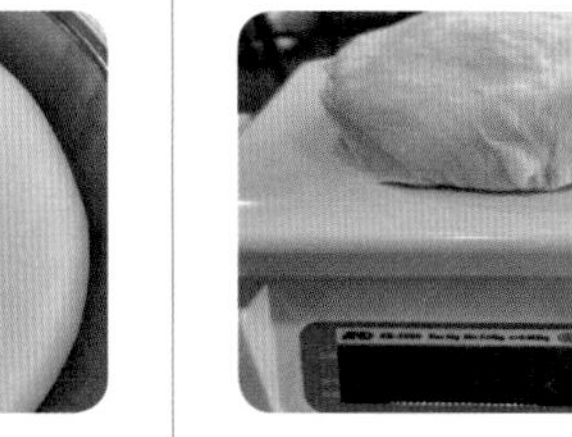

07 둥글리기한 후, 비닐을 덮고 실온에서 약 10분 동안 중간발효한다.

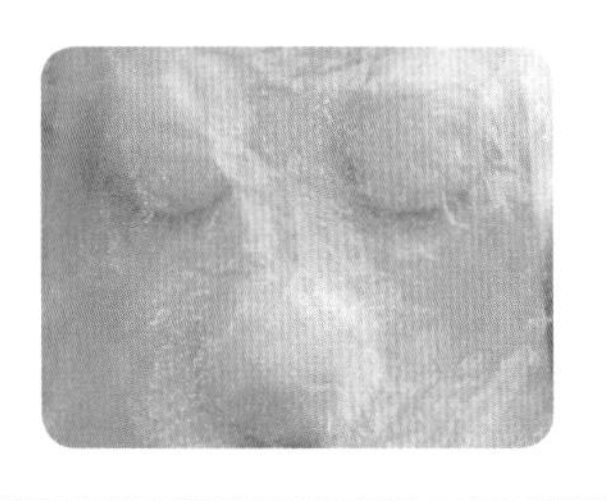

08 중간발효가 완료되면 밀대를 이용하여 반죽을 밀어 편다.

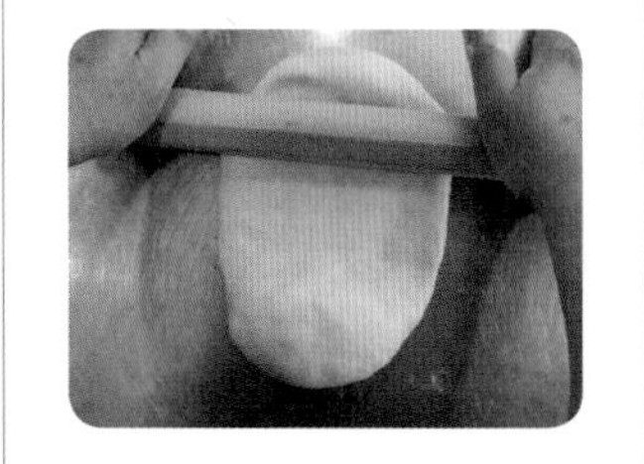

09 밀어편 반죽을 one loaf로 말아준다.

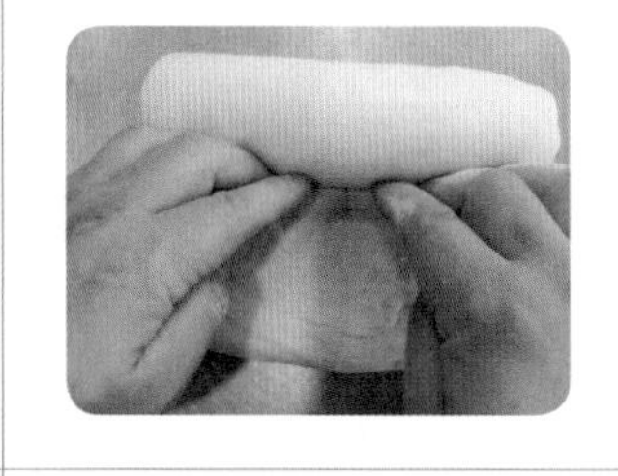

10 말아진 이음매를 봉한다.

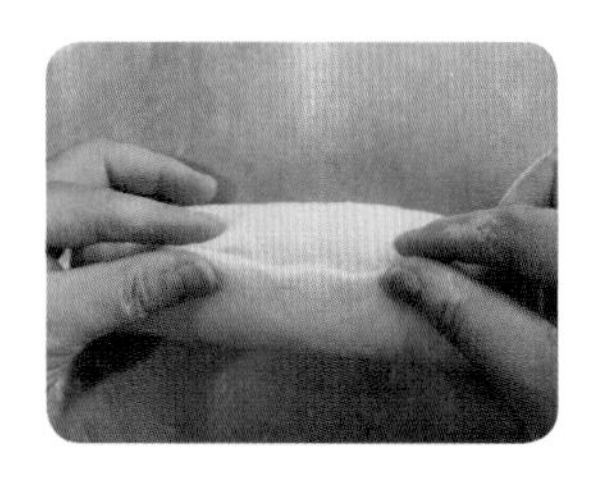

11 말아놓은 이음매가 바닥으로 가도록 정형한다.

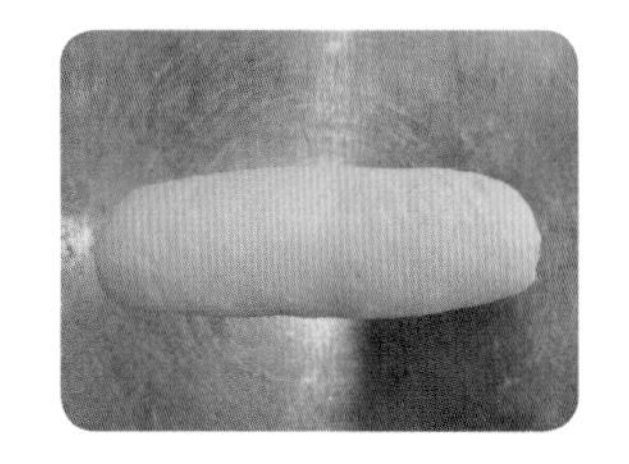

12 말아놓은 이음매를 바닥으로 해서 팬닝하고 윗면을 손으로 가볍게 누른다.

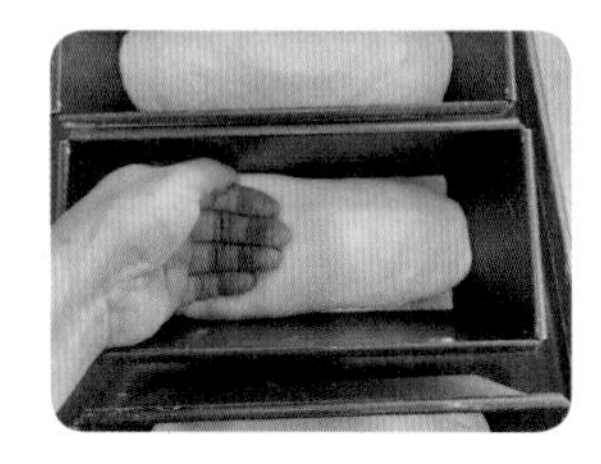

※ 팬닝 시 가볍게 눌러서 바닥의 공기 제거

13 2차 발효 온도 35~40℃, 습도 85~90% 약 35~40분 발효한다.(상태확인)	**14** 0.5cm 일정한 깊이로 칼집을 넣는다.	**15** 칼집 부분에 버터를 짠다.
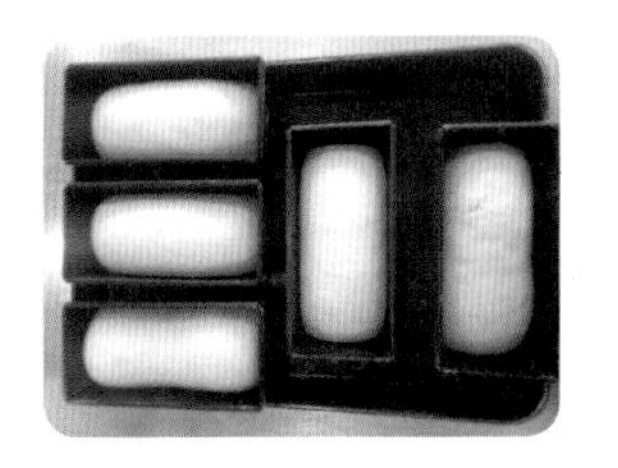	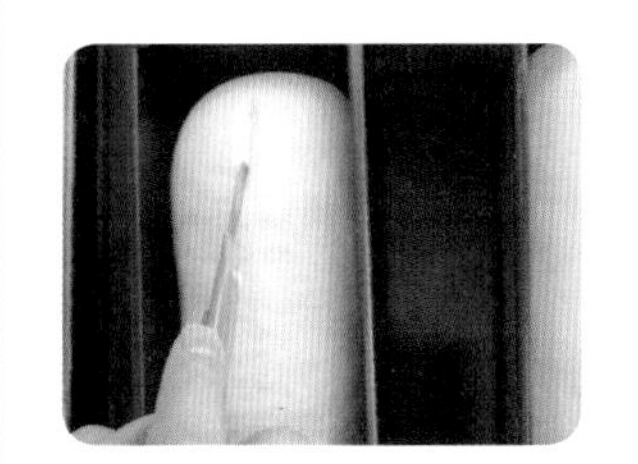	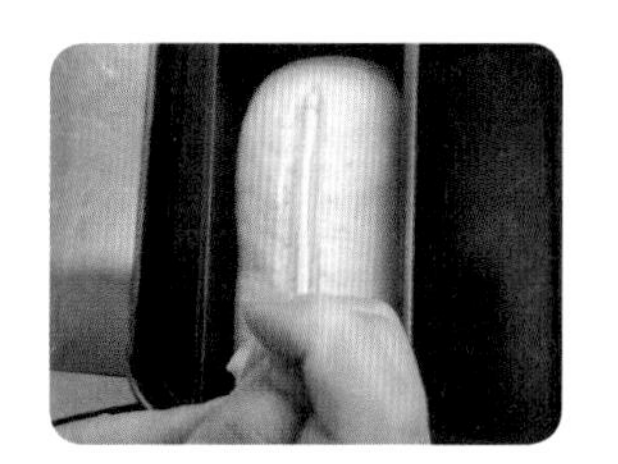
※ 식빵틀 높이보다 약 2cm 낮은 상태	※ 표면이 마르지 않도록 주의한다.	
16 충격 가하지 않도록 주의한다.	**17** 오븐 온도 윗불 180℃/아랫불 190℃ 약 30~35분 굽는다.(상태확인)	**18** 완제품

최종 제품평가

껍질 : 윗면은 황금갈색으로 굽고 옆면과 밑면의 색이 고르게 나야 한다.

부피 : 팬 높이보다 약 3cm가량 높아야 하며 크거나 작으면 감점이다.

균형 : 위 표면이 균일하게 터져야 한다.
오븐에서 꺼낸 후 옆면이 찌그러지거나 밑면 틈새가 생기면 감점된다.

내상 : 빵을 자른 단면은 기공이 없고 조직이 균일하고 부드러워야 하며 줄무늬, 어두운 색이 나거나 내상에 구멍이 생기면 감점된다.

맛향 : 버터 식빵의 은은한 향과 식감이 부드럽고 좋아야 한다.

※ 정형 시 좌우대칭이 잘 맞아야 완성품이 잘 나온다.
옆면의 껍질이 만들어져야 찌그러지지 않고 주저앉지 않는다.
오래 구워서 옆면이 들어가지 않도록 한다.

MEMO

옥수수식빵

시험시간	3시간 40분	제조방법	스트레이트법

	비율(%)	재료명	무게(g)
배합표	80	강력분	960
	20	옥수수 분말	240
	60	물	720
	3	이스트	36
	1	제빵개량제	12
	2	소금	24
	8	설탕	96
	7	쇼트닝	84
	3	탈지분유	36
	5	달걀	60
	189	계	2,268

<table>
<tr><td>요구
사항</td><td colspan="3">※ 옥수수식빵을 제조하여 제출하시오.
❶ 배합표의 각 재료를 계량하여 재료별로 진열하시오.(10분)
• 재료계량(재료당 1분)→[감독위원 계량 확인]→작품제조 및 정리정돈(전체 시험시간-재료계량시간)
• 재료계량시간 내에 계량을 완료하지 못하여 시간이 초과한 경우 및 계량을 잘못한 경우는 추가의 시간부여 없이 작품제조 및 정리정돈 시간을 활용하여 요구사항의 무게대로 계량
• 달걀의 계량은 감독위원이 지정하는 개수로 계량
❷ 반죽은 스트레이트법으로 제조하시오.(단, 유지는 클린업 단계에 첨가하시오)
❸ 반죽온도는 27℃를 표준으로 하시오.
❹ 표준분할무게는 180g으로 하고, 제시된 팬의 용량을 감안하여 결정하시오.
(단, 분할무게×3을 1개의 식빵으로 함)
❺ 반죽은 전량을 사용하여 성형하시오.</td></tr>
<tr><td>공정
준비</td><td>▶ 재료계량하기
▶ 도구 준비
▶ 식빵틀 준비
▶ 발효실 확인</td><td>요구
point</td><td>▶ 재료계량 : 10분
▶ 반죽온도 : 27℃ ± 1
▶ 스트레이트법 제조</td></tr>
<tr><td>준비물
(도구)</td><td colspan="3">스크래퍼, 덧가루(강력분), 온도계, 비닐, 식빵틀 4개, 저울, 밀대</td></tr>
</table>

제조 공정

01 재료를 주어진 시간에 맞게 정확히 계량(개당 1분)

02 쇼트닝을 제외하고 모든 재료를 혼합한다. 모든 재료가 수화되면 쇼트닝을 넣고 반죽

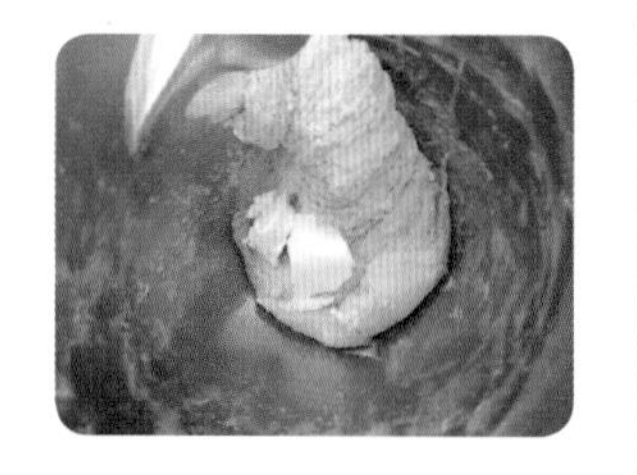

03 반죽의 완료점은 발전단계까지 반죽

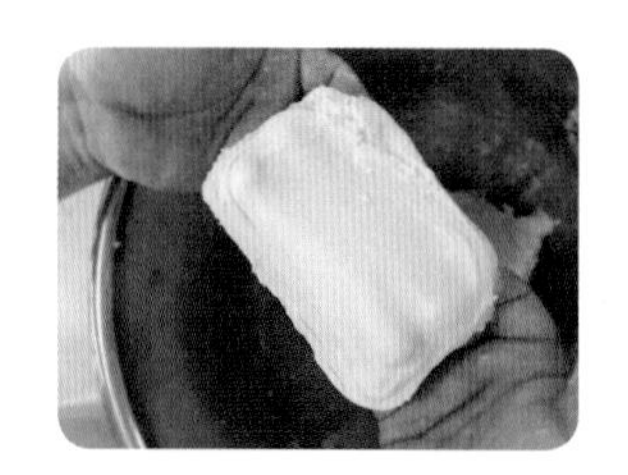

※ 발전단계는 글루텐의 탄력성이 최대이다. 발전단계까지 반죽한다.

04 반죽온도 체크 : 27℃ ±1 (26~28℃)

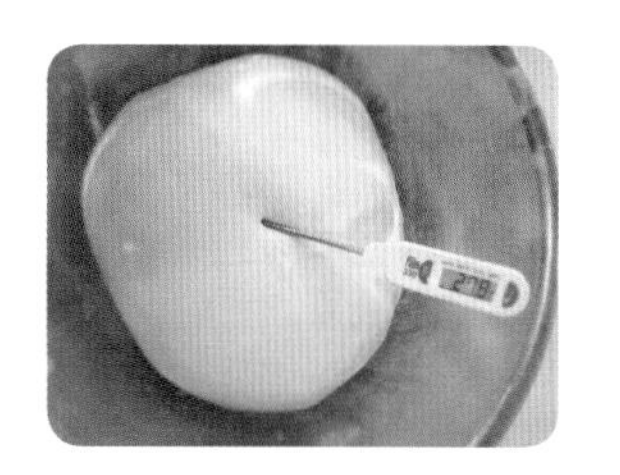

05 1차 발효기 온도 27℃, 습도 75~80% 약 40~45분 동안 1차 발효한다.

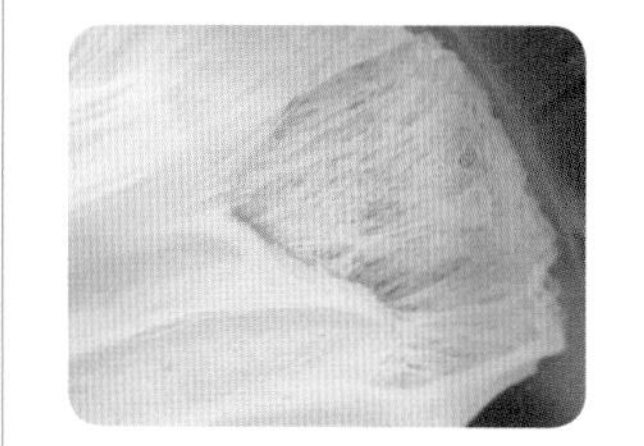

06 분할 중량 180g씩 12개 분할한다.

07 둥글리기한 후 비닐을 덮고 실온에서 약 10분 동안 중간발효한다.

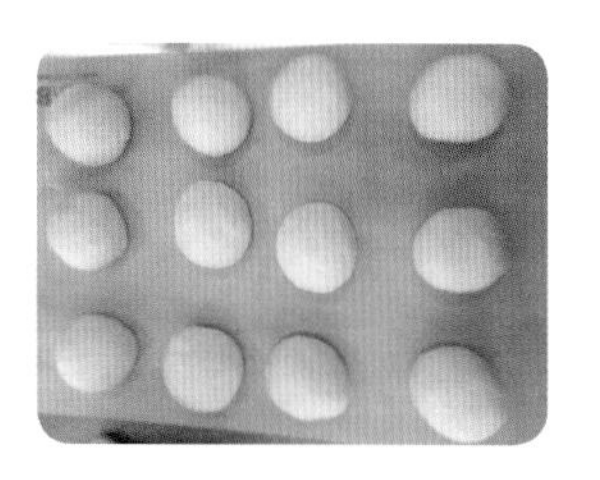

08 중간발효가 완료되면 밀대를 이용하여 반죽을 밀어 편다.

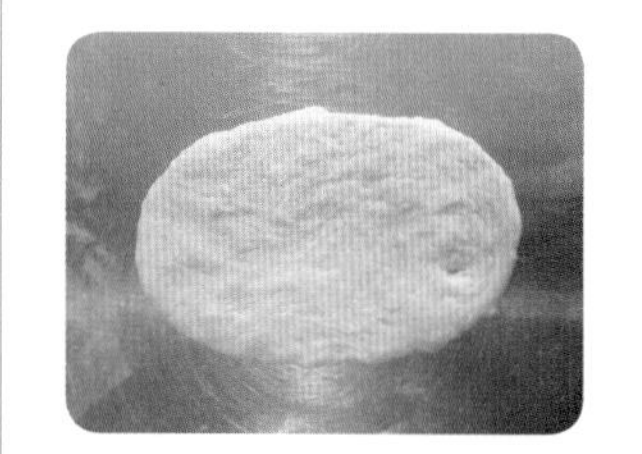

09 밀어편 반죽을 3절 접기한다.

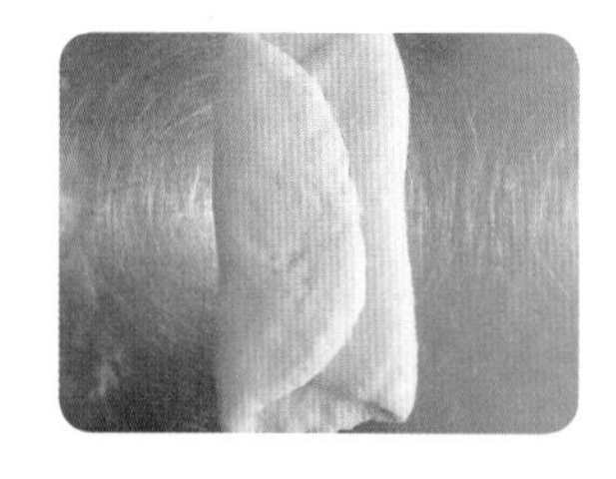

10 접은 반죽을 말아 이음매를 봉한다.

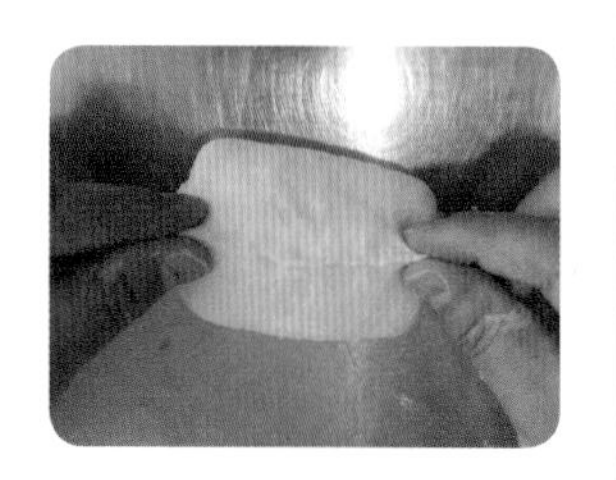

11 이음매를 바닥으로 해서 3개씩 팬닝하고 윗면을 손으로 가볍게 누른다.

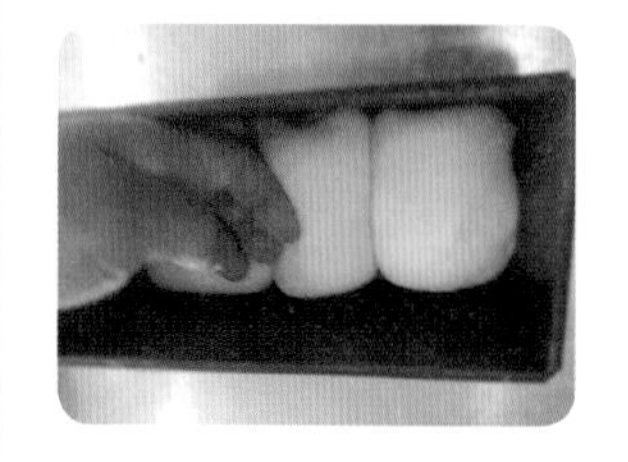

12 2차 발효 온도 35~40℃, 습도 85~90% 약 35~40분 발효한다.(상태확인)

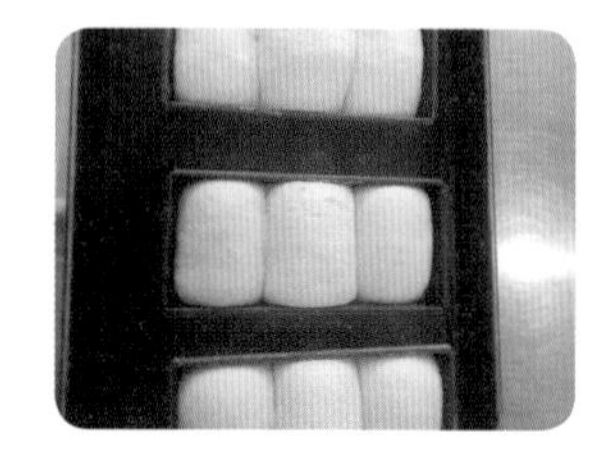

	※ 가볍게 눌러서 바닥의 공기 제거	※ 식빵틀 높이보다 1~1.5cm 높을 때 굽는다.
13 오븐 온도 윗불 160℃/아랫불 170℃ 약 30~35분 굽는다.(상태확인) 	**14** 완제품 	

※ 옥수수식빵 특유의 노란빛이 날 수 있도록 진하지 않게 굽는 것이 좋다.

최종 제품평가

껍질 : 윗면은 황금갈색으로 굽고 옆면과 밑면의 색이 고르게 나야 한다.

부피 : 팬 높이보다 약 3cm가량 높아야 하며 크거나 작으면 감점이다.

균형 : 오븐에서 꺼낸 후 옆면이 찌그러지거나 밑면 틈새가 생기면 감점된다.

내상 : 빵을 자른 단면은 기공이 없고 조직이 균일하고 부드러워야 하며 내상에 옥수수의 노란색이 연하게 나타나야 한다.
줄무늬와 어두운 색이 나면 감점된다.

맛향 : 옥수수식빵의 은은한 향과 식감이 부드럽고 좋아야 한다.

※ 옥수수 가루 첨가로 글루텐 형성이 빨라 오버믹싱하지 않도록 주의한다.
정형 시 좌우대칭이 잘 맞아야 완성품이 잘 나온다.
옆면의 껍질이 만들어져야 찌그러지지 않고 주저앉지 않는다.
오래 구워서 옆면이 들어가지 않도록 한다.
기존 식빵보다 약 10℃ 낮은 온도에서 특유의 노란빛이 나도록 굽는다.

모카빵

시험시간	3시간 30분	제조방법	스트레이트법

배합표	빵반죽			토핑용 비스킷 (※ 계량시간에서 제외)		
	비율(%)	재료명	무게(g)	비율(%)	재료명	무게(g)
	100	강력분	850	100	박력분	350
	45	물	382.5(382)	20	버터	70
	5	이스트	42.5(42)	40	설탕	140
	1	제빵개량제	8.5(8)	24	달걀	84
	2	소금	17(16)	1.5	베이킹파우더	5.25(5)
	15	설탕	127.5(128)	12	우유	42
	12	버터	102	0.6	소금	2.1(2)
	3	탈지분유	25.5(26)	198.1	계	693.35 (693)
	10	달걀	85(86)			
	1.5	커피	12.75(12)			
	15	건포도	127.5(128)			
	209.5	계	1,780.75 (1,780)			

<table>
<tr><td rowspan="1">요구
사항</td><td colspan="3">※ 모카빵을 제조하여 제출하시오.
❶ 배합표의 각 재료를 계량하여 재료별로 진열하시오.(11분)
• 재료계량(재료당 1분)→[감독위원 계량 확인]→작품제조 및 정리정돈(전체 시험시간-재료계량시간)
• 재료계량시간 내에 계량을 완료하지 못하여 시간이 초과한 경우 및 계량을 잘못한 경우는 추가의 시간부여 없이 작품제조 및 정리정돈 시간을 활용하여 요구사항의 무게대로 계량
• 달걀의 계량은 감독위원이 지정하는 개수로 계량
❷ 반죽은 스트레이트법으로 제조하시오.(단, 유지는 클린업 단계에 첨가하시오)
❸ 반죽온도는 27℃를 표준으로 하시오.
❹ 반죽 1개의 분할 무게는 250g, 1개당 비스킷은 100g씩으로 제조하시오.
❺ 제품의 형태는 타원형(럭비공 모양)으로 제조하시오.
❻ 토핑용 비스킷은 주어진 배합표에 따라 직접 제조하시오.
❼ 완성품 6개를 제출하고 남은 반죽은 감독위원 지시에 따라 별도로 제출하시오.</td></tr>
<tr><td>공정
준비</td><td>▶ 재료계량하기
▶ 도구 준비
▶ 물온도 준비
▶ 발효실 확인</td><td>요구
point</td><td>▶ 재료계량 : 11분
▶ 반죽온도 : 27℃ ± 1
▶ 스트레이트법 제조</td></tr>
<tr><td>준비물
(도구)</td><td colspan="3">스크래퍼, 온도계, 비닐, 평철판 2장, 저울, 밀대, 손거품기, 저울, 고무주걱</td></tr>
</table>

제조 공정

01 재료를 주어진 시간에 맞게 정확히 계량(개당 1분)

02 버터를 제외하고 모든 재료를 혼합한다. 모든 재료가 수화되면 버터를 넣고 반죽

03 반죽의 완료점은 최종단계까지 반죽

※ 최종단계는 글루텐의 탄력성과 신장성이 최대이다. 최종단계까지 반죽한다.

※ 충전물 건포도는 전처리 후 물기 제거하고 최종단계에 저속으로 가볍게 섞는다.

04 반죽온도 체크 : 27℃ ±1 (26~28℃)

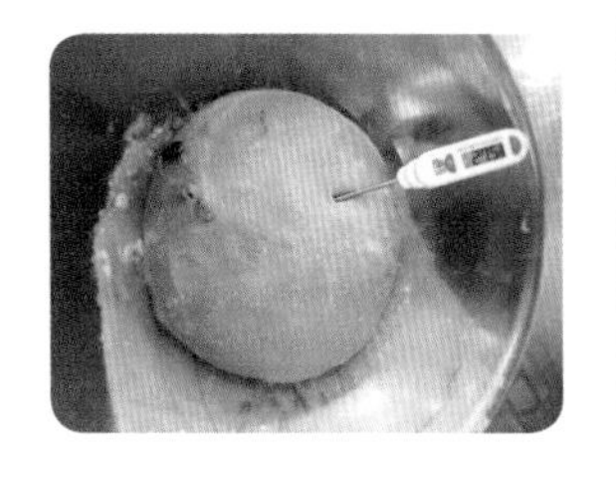

05 〈토핑 계량〉
발효시간을 활용하여 재료 계량한다.

06 〈토핑 제조〉
버터를 부드럽게 풀고 설탕, 소금을 넣고 섞는다.

07 달걀을 2번에 나누어 넣으며 크림화한다.

08 체친 가루를 섞은 후(박력분, 베이킹파우더) 우유를 넣고 섞는다.

09 비닐에 싸서 냉장고에 약 20~30분 동안 냉장 휴지한다.

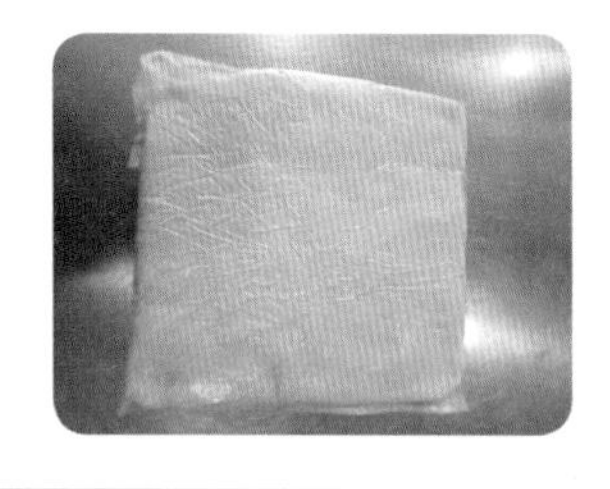

10 1차 발효기 온도 27℃, 습도 75~80% 약 40~45분 동안 1차 발효한다.

11 분할 중량 250g씩 6개 분할한다.
남은 반죽은 감독위원의 지시에 따른다.

12 둥글리기한 후, 비닐을 덮고 실온에서 약 10분 동안 중간발효한다.

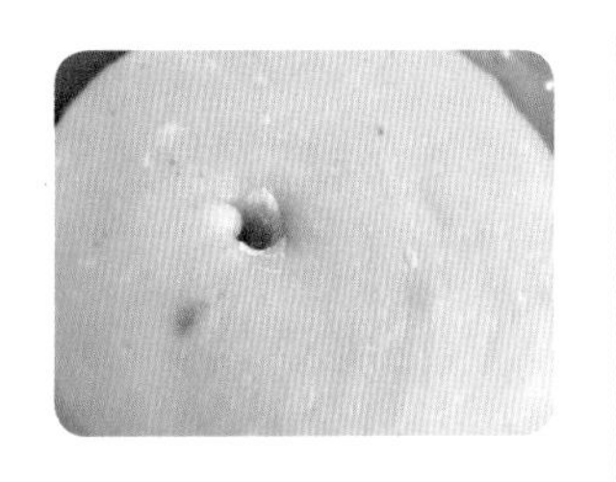

13 냉장 휴지한 토핑은 가볍게 치댄 후 100g으로 분할한다.

14 밀대를 이용하여 타원형으로 밀어편다.

15 길이 약 18cm의 타원형(럭비공 모양)으로 말아준다.

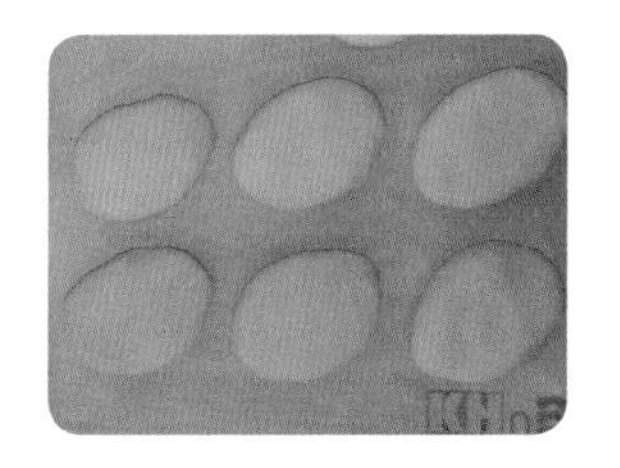

16 토핑을 씌운다.

17 비스킷이 옆면을 모두 덮도록 한다.

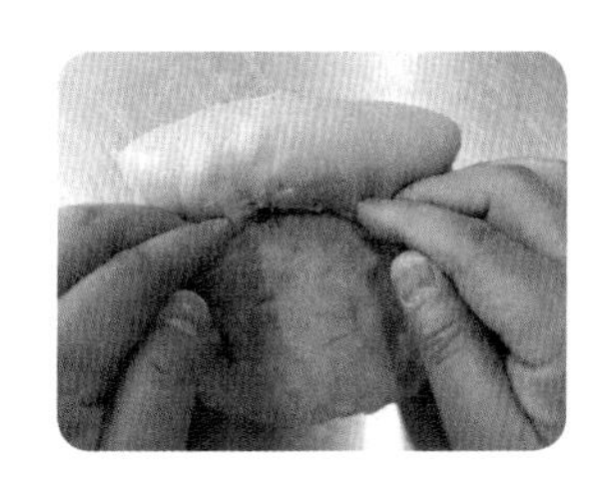

18 일정한 간격으로 3개씩 팬닝한다.

※ 정형한 반죽 위에 물을 뿌리고 비스킷 반죽을 타원형으로 밀어펴 감싸준다.
※ 비스킷은 0.4cm 동일한 두께로 밀어편다.

19 2차 발효 온도 35~40℃, 습도 85~90% 약 30~35분 발효한다.(상태확인)

20 오븐 온도 윗불 180℃/아랫불 160℃ 약 30~35분 굽는다.(상태확인)

최종 제품평가

껍질 : 윗면은 황금갈색으로 굽고 옆면과 밑면의 색이 균일하게 나야 한다.
비스킷이 빵 전체를 감싸고 자연스럽게 갈라져야 한다.
비스킷이 벗겨지면 감점된다.

부피 : 반죽 250g의 부피가 적당해야 하며 크거나 작으면 감점된다.

균형 : 빵의 비스킷 표면이 균일하게 갈라지고 볼륨이 있어야 한다.
옆면이 찌그러지거나 균형이 맞지 않으면 감점된다.

내상 : 빵을 자른 단면은 큰 기공이 없고 조직이 균일하고 부드러워야 하며 건포도 충전물이 고르게 분포되어야 한다.

맛향 : 모카빵의 은은한 향과 겉의 비스킷은 바삭하고 고소해야 하며 커피향이 조화롭고 빵 속은 부드러워야 한다. 탄 냄새가 나면 감점된다.

※ 커피는 물에 용해시켜서 반죽한다.
반죽 시 건포도는 최종단계에 넣고 으깨지지 않도록 저속으로 가볍게 혼합한다.
모카빵 성형 시 건포도가 반죽 표면에 나오면 비스킷이 찢어지거나 건포도가 탈 수 있으므로 표면에 건포도가 없도록 주의한다.
비스킷이 정형한 모카빵 반죽 전체를 감싸도록 한다.

MEMO

버터롤

시험시간	3시간 30분	제조방법	스트레이트법

	비율(%)	재료명	무게(g)
배합표	100	강력분	900
	10	설탕	90
	2	소금	18
	15	버터	135(134)
	3	탈지분유	27(26)
	8	달걀	72
	4	이스트	36
	1	제빵개량제	9(8)
	53	물	477(476)
	196	계	1,764(1,760)

<table>
<tr><td>요구
사항</td><td colspan="3">※ 버터롤을 제조하여 제출하시오.
❶ 배합표의 각 재료를 계량하여 재료별로 진열하시오.(9분)
• 재료계량(재료당 1분)→[감독위원 계량 확인]→작품제조 및 정리정돈(전체 시험시간-재료계량시간)
• 재료계량시간 내에 계량을 완료하지 못하여 시간이 초과한 경우 및 계량을 잘못한 경우는 추가의 시간부여 없이 작품제조 및 정리정돈 시간을 활용하여 요구사항의 무게대로 계량
• 달걀의 계량은 감독위원이 지정하는 개수로 계량
❷ 반죽은 스트레이트법으로 제조하시오.(단, 유지는 클린업 단계에 첨가하시오)
❸ 반죽온도는 27℃를 표준으로 하시오.
❹ 반죽 1개의 분할무게는 50g으로 제조하시오.
❺ 제품의 형태는 번데기 모양으로 제조하시오.
❻ 24개를 성형하고, 남은 반죽은 감독위원의 지시에 따라 별도로 제출하시오.</td></tr>
<tr><td>공정
준비</td><td>▶ 재료계량하기
▶ 도구 준비
▶ 물온도 준비
▶ 발효실 확인</td><td>요구
point</td><td>▶ 재료계량 : 9분
▶ 반죽온도 : 27℃ ± 1
▶ 스트레이트법 제조</td></tr>
<tr><td>준비물
(도구)</td><td colspan="3">스크래퍼, 덧가루(강력분), 온도계, 비닐, 평철판 2장, 저울, 밀대, 붓</td></tr>
</table>

제조 공정

01 재료를 주어진 시간에 맞게 정확히 계량(개당 1분)

02 버터를 제외하고 모든 재료를 혼합한다. 모든 재료가 수화되면 버터를 넣고 반죽

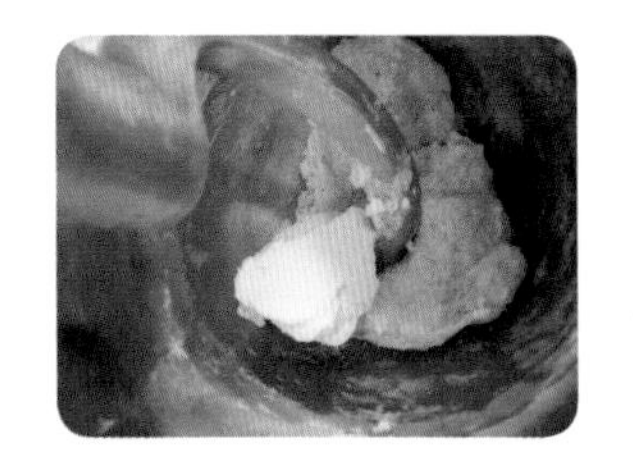

03 반죽의 완료점은 최종단계까지 반죽

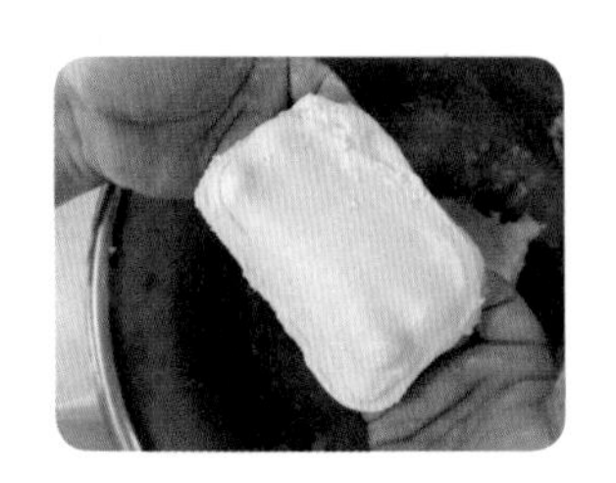

※ 최종단계는 글루텐의 탄력성과 신장성이 최대이다. 최종단계까지 반죽한다.

04 반죽온도 체크 : 27℃ ±1 (26~28℃)

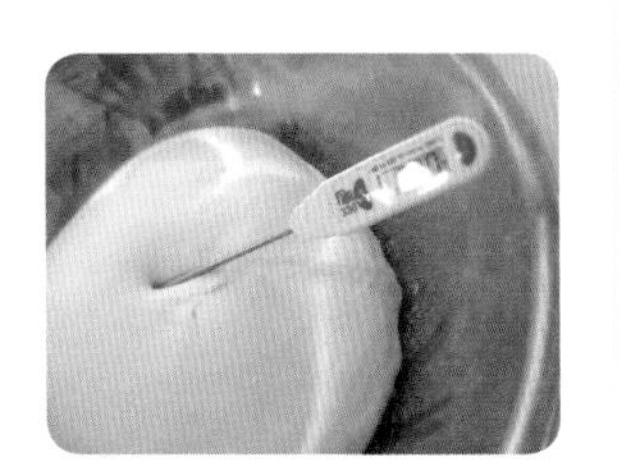

05 1차 발효기 온도 27℃, 습도 75~80% 약 40~45분 동안 1차 발효한다.

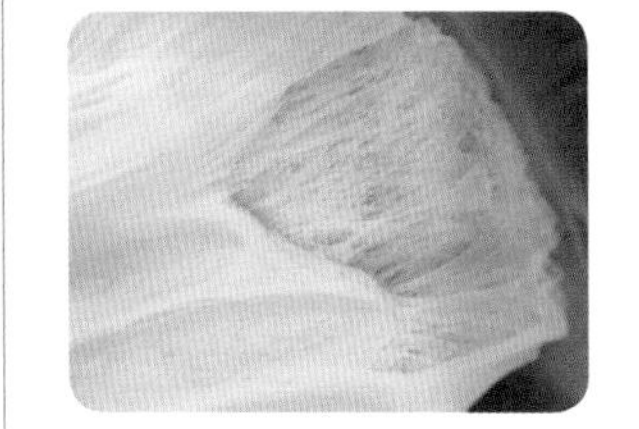

06 분할 중량 50g씩 24개 분할한다.
남은 반죽은 감독위원의 지시에 따른다.

07 둥글리기하고 10분 중간발효 후 손으로 한쪽 끝을 얇게 밀어 올챙이 모양을 만든다.

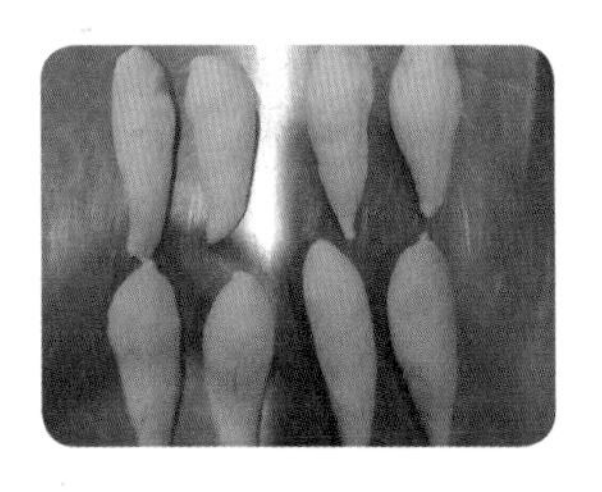

08 밀대를 이용하여 밀어편다. 윗면 폭 7cm, 길이 25cm의 이등변 삼각형

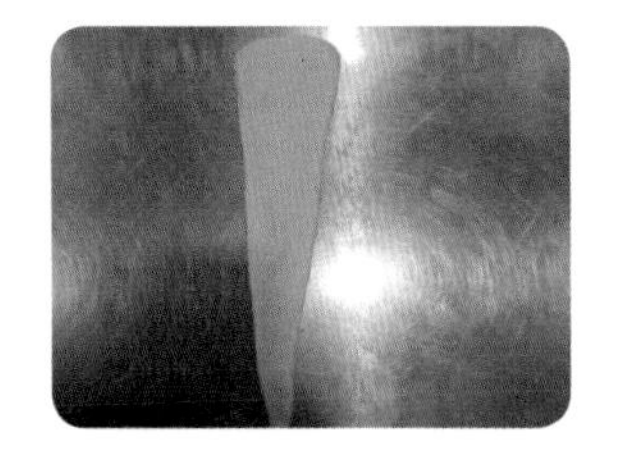

09 넓은 부분부터 번데기 모양으로 정형

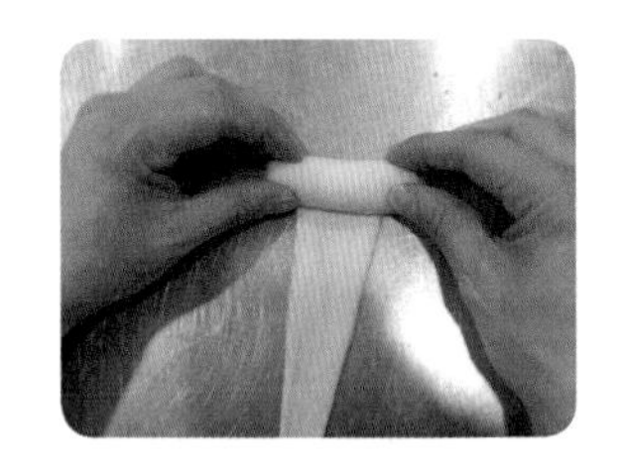

※ 올챙이 모양은 12개씩 나누어 만들고 순서대로 정형한다.(팬 1개씩 완성)

10 이음매가 풀리지 않게 잘 봉한다.	**11** 2차 발효 온도 35~40℃, 습도 85~90% 약 35~40분 발효한다.(상태확인)	**12** 오븐 온도 윗불 200℃/아랫불 150℃ 약 12~15분 굽는다.(상태확인)
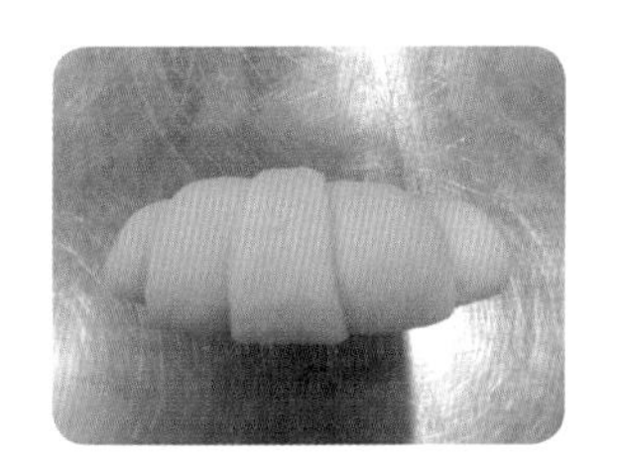		

※ 정형 후 이음매를 바닥으로 해서 팬닝 후 손으로 가볍게 누른다.(3X4, 12개 팬닝)

최종 제품평가

껍질 : 윗면은 황금갈색으로 굽고 옆면과 밑면의 색이 연하게 나야 한다.
번데기 모양이 풀리거나 주름이 3줄이 안 되면 감점된다.

부피 : 반죽 50g의 부피가 적당해야 하며 크거나 작으면 감점된다.

균형 : 빵의 표면이 볼륨 있는 번데기 모양으로 일정하고 대칭이 되어야 한다.
옆면이 찌그러지거나 번데기 모양의 대칭이 맞지 않으면 감점된다.

내상 : 빵을 자른 단면은 기공이 없고 조직이 균일하고 부드러워야 하며 줄무늬, 어두운 색이 나면 감점된다.

맛향 : 버터롤의 은은한 향과 식감이 부드럽고 좋아야 한다.
오래 굽거나 발효 부족으로 딱딱한 식감이 나면 감점된다.

※ 덧가루 사용을 최소화한다.
중간발효 후 올챙이 모양은 2번에 나누어 만든다.(과발효 시 모양이 깔끔하게 안 된다)
폭 7cm, 길이 25cm로 두께를 일정하게 밀어펴고 번데기 주름이 3겹 나오도록 한다.
2차 발효를 충분히 해서 빵을 부드럽게 굽는다.

통밀빵

시험시간	3시간 30분	제조방법	스트레이트법

배합표	비율(%)	재료명	무게(g)
	80	강력분	800
	20	통밀가루	200
	2.5	이스트	25(24)
	1	제빵개량제	10
	63~65	물	630~650
	1.5	소금	15(14)
	3	설탕	30
	7	버터	70
	2	탈지분유	20
	1.5	몰트액	15(14)
	181.5~183.5	계	1,812~1,835
	※ 토핑용 재료는 계량시간에서 제외		
	비율(%)	재료명	무게(g)
	-	(토핑용) 오트밀	200

요구사항	※ **통밀빵을 제조하여 제출하시오.** ❶ 배합표의 각 재료를 계량하여 재료별로 진열하시오.(10분) (단, 토핑용 오트밀은 계량시간에서 제외한다.) • 재료계량(재료당 1분)→[감독위원 계량 확인]→작품제조 및 정리정돈(전체 시험시간-재료계량시간) • 재료계량시간 내에 계량을 완료하지 못하여 시간이 초과한 경우 및 계량을 잘못한 경우는 추가의 시간부여 없이 작품제조 및 정리정돈 시간을 활용하여 요구사항의 무게대로 계량 • 달걀의 계량은 감독위원이 지정하는 개수로 계량 ❷ 반죽은 스트레이트법으로 제조하시오. ❸ 반죽온도는 25℃를 표준으로 하시오. ❹ 표준분할무게는 200g으로 하시오. ❺ 제품의 형태는 밀대(봉)형(22~23cm)으로 제조하고, 표면에 물을 발라 오트밀을 보기 좋게 적당히 묻히시오. ❻ 8개를 성형하여 제출하고 남은 반죽은 감독위원의 지시에 따라 별도로 제출하시오.

공정준비	▶ 재료계량하기 ▶ 도구 준비 ▶ 물온도 준비 ▶ 발효실 확인	요구 point	▶ 재료계량 : 10분 ▶ 반죽온도 : 25℃ ± 1 ▶ 스트레이트법 제조
준비물(도구)	밀대, 스크래퍼, 덧가루(강력), 온도계, 비닐, 평철판 2장, 분무기, 저울		

제조 공정

01 재료를 주어진 시간에 맞게 정확히 계량(개당 1분)

02 버터를 제외하고 모든 재료를 혼합한다. 모든 재료가 수화되면 버터를 넣고 반죽

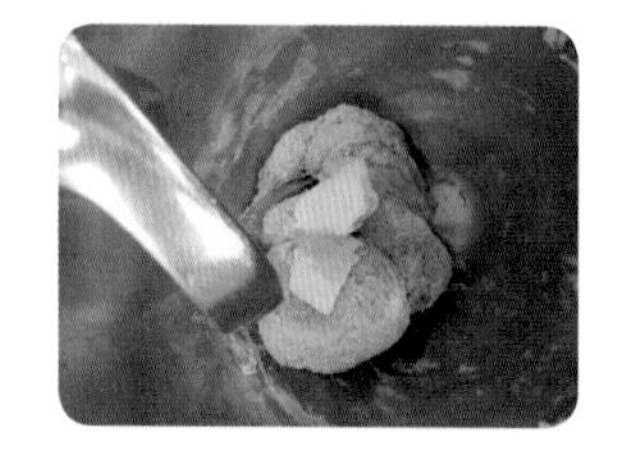

03 반죽의 완료점은 발전단계까지 반죽

※ 발전단계는 글루텐의 탄력성이 최대이다. 발전단계까지 반죽한다.
※ 믹싱오버되면 반죽이 늘어지고 볼륨이 없어진다. 반죽의 탄력성이 필요하다.

04 반죽온도 체크 : 25℃ ±1 (24~26℃)

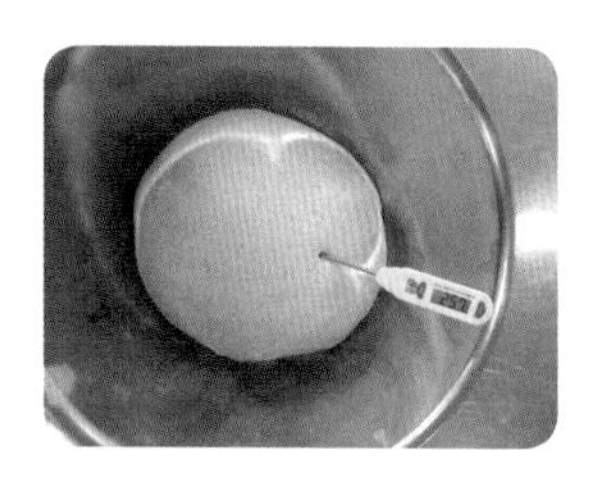

05 1차 발효기 온도 25℃, 습도 75~80% 약 40~45분 동안 1차 발효한다.

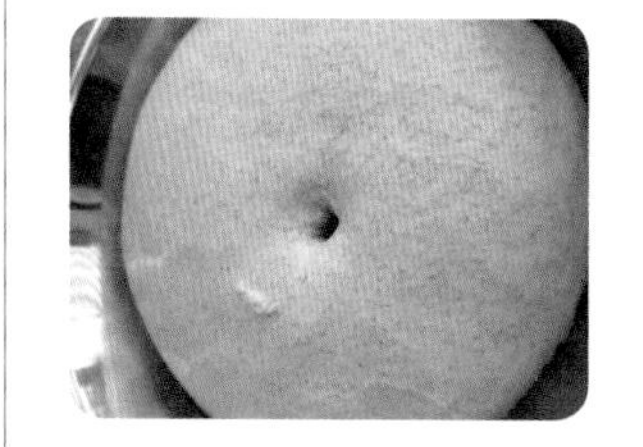

06 분할 중량 200g씩 분할한다.
남은 반죽은 감독위원의 지시에 따른다.

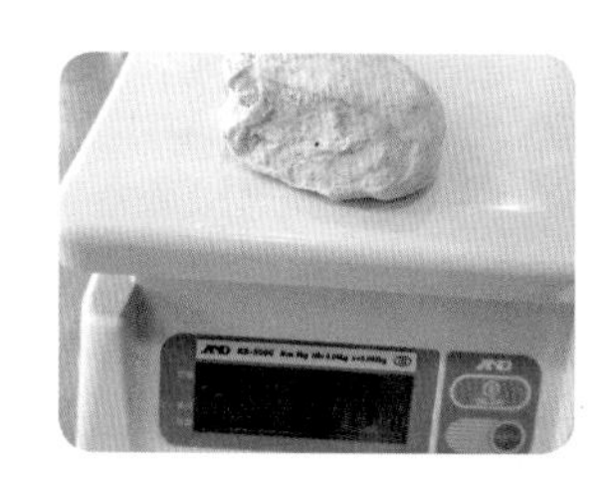

07 둥글리기 후, 비닐을 덮고 실온에서 약 10분 동안 중간발효한다.

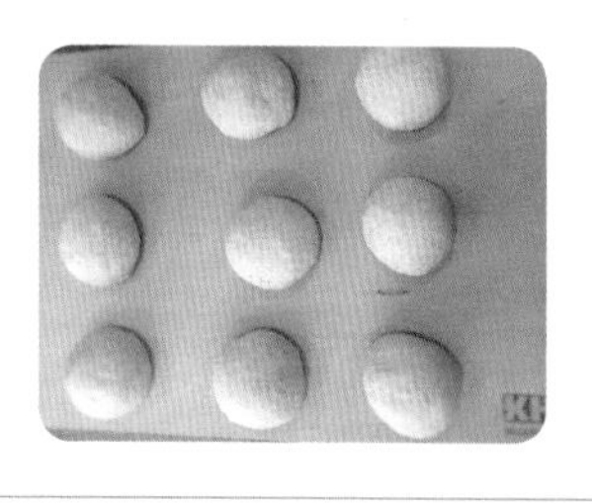

08 밀대를 이용하여 타원형으로 밀어펴고 22~23cm의 막대 모양으로 정형한다.

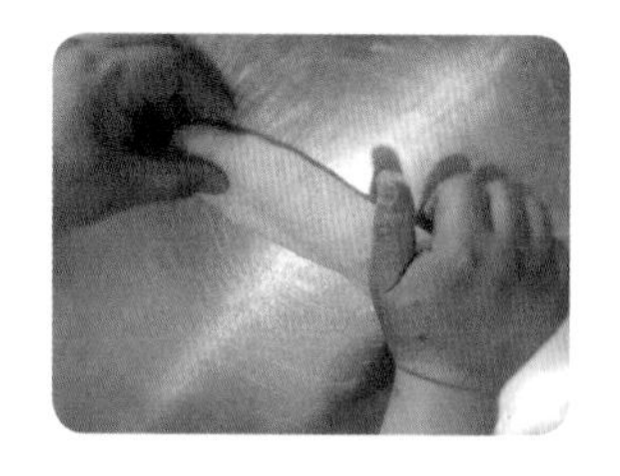

09 이음매를 봉하고 오트밀을 묻힌다.

※ 표면에 물을 바르고 오트밀을 보기 좋게 묻힌다.

10 평철판에 4개씩 일정한 간격으로 팬닝	**11** 2차 발효 온도 32~38℃, 습도 80~85% 약 30~35분 발효한다.(상태확인)	**12** 오븐 온도 윗불 190℃/아랫불 160℃ 약 25~30분 굽는다.(상태확인)

※ 정형 후 4개씩 일정한 간격으로 팬닝한다.

최종 제품평가

껍질 : 윗면은 황금갈색으로 굽고 옆면과 밑면 등 전체 색이 균일하게 나야 한다.
껍질에 기포가 생기거나 표면이 터지면 감점된다.

부피 : 반죽 200g의 부피가 적당해야 하며 크거나 작으면 감점된다.

균형 : 빵의 표면이 볼륨 있는 번데기 모양으로 일정하고 대칭이 되어야 한다.
옆면이 찌그러지거나 막대 모양의 대칭이 맞지 않으면 감점된다.

내상 : 빵을 자른 단면은 기공이 없고 조직이 균일하고 부드러워야 하며 줄무늬, 어두운 색이 나면 감점된다.

맛향 : 통밀가루와 오트밀의 맛과 향이 잘 어우러지고 속이 부드러워야 한다.
오래 굽거나 발효 부족으로 딱딱한 식감이 나면 감점된다.

※ 믹싱은 최종 80%까지만 한다.(발전단계)
발효실의 온도와 습도는 기본 제품보다 조금 낮춘다.
정형 시 두께가 일정한 막대 모양으로 약 22~23cm 길이로 정형한다.
2차 발효 시 서로 붙지 않도록 팬닝에 주의한다.

※ 통밀이란 밀의 겉껍질만 벗겨낸 통곡물류이며 도정하지 않은 상태이다.
통밀은 알갱이가 크고 연한 갈색을 띠며 거칠고 딱딱한 식감이 있다.
통밀의 독특한 풍미로 쿠키류나 건강빵의 재료로 많이 사용되고 있다.

제과산업기사

비스퀴 드 사보아

시험시간	2시간	제조방법	시폰법

배합표	비율(%)	재료명	무게(g)
	240	달걀	840
	130	설탕	455(456)
	40	박력분	140
	60	옥수수전분	210
	2	바닐라에센스	7
	10	우유	35
	482	계	1,687

<table>
<tr><td>요구
사항</td><td colspan="3">※ 비스퀴 드 사보아(시퐁법)를 제조하여 제출하시오.
❶ 배합표의 각 재료를 계량하여 재료별로 진열하시오.(5분)
• 재료계량(재료당 1분)→[감독위원 계량 확인]→작품제조 및 정리정돈(전체 시험시간-재료계량시간)
• 재료계량시간 내에 계량을 완료하지 못하여 시간이 초과한 경우 및 계량을 잘못한 경우는 추가의 시간부여 없이 작품제조 및 정리정돈 시간을 활용하여 요구사항의 무게대로 계량
• 달걀의 계량은 감독위원이 지정하는 개수로 계량
❷ 반죽은 시퐁법(시폰법)으로 제조하시오.
❸ 반죽온도는 25℃를 표준으로 하시오.
❹ 반죽의 비중을 측정하시오.(0.45±0.05)
❺ 제시한 팬에 알맞도록 분할하시오.(팬에 버터와 설탕을 이용하여 이형제로 사용하고, 구겔호프팬 3호 또는 시폰팬 3호 4개를 사용한다)
❻ 반죽은 전량을 사용하여 성형하시오.</td></tr>
<tr><td>공정
준비</td><td>▶ 재료계량하기
▶ 오븐 예열 및 도구 준비
▶ 가루 체치기(박력분, 옥수수전분)
▶ 노른자/흰자 분리
▶ 팬 준비</td><td>요구
point</td><td>▶ 재료개량 : 5분
▶ 시퐁법 제조
▶ 반죽온도 : 25℃ ± 1
▶ 비중 : 0.45 ± 0.05 (0.4~0.5)
▶ 준비된 팬 4개 제조</td></tr>
<tr><td>준비물
(도구)</td><td colspan="3">고무주걱, 나무주걱, 가루체, 비닐, 손거품기, 팬 4개, 비중컵, 짤주머니, 온도계, 저울, 젓가락, 이형제</td></tr>
</table>

제조 공정

01 재료를 기준 시간 내에 정확하게 계량하여 노른자와 흰자를 분리한다.

02 팬에 버터를 바르고 설탕을 뿌린다.

03 노른자를 풀어준다.

※ 준비된 틀에 버터와 설탕을 이형제로 사용하여 준비한다.
※ 가루(박력분, 옥수수전분)를 체치고 설탕을 A: 155g, B: 300g으로 나눈다.

04 설탕 A를 넣고 섞는다.

05 우유를 넣고 설탕을 녹여준다.

06 바닐라에센스를 넣고 섞는다.

07 체친 가루(박력분, 옥수수전분)를 넣고 거품기를 사용하여 매끈하게 섞는다.

08 흰자에 설탕B를 3회 나누어 넣고 80~90% 중간피크상태의 머랭을 만든다.

09 노른자 반죽에 머랭을 2회로 나누어 섞는다.

※ 중간피크(90%)상태는 윤기가 흐르고 주걱으로 찍어 올려봤을 때 독수리부리 모양

10 반죽온도 체크 : 25℃ ±1 (24~26℃)

11 비중체크 : 비중 0.45 ± 0.05 (0.4~0.5)

12 틀에 360g씩 팬닝하고 남은 반죽은 추가로 나눈다. (팬 높이 약 60%)

13 준비된 팬에 4개 팬닝 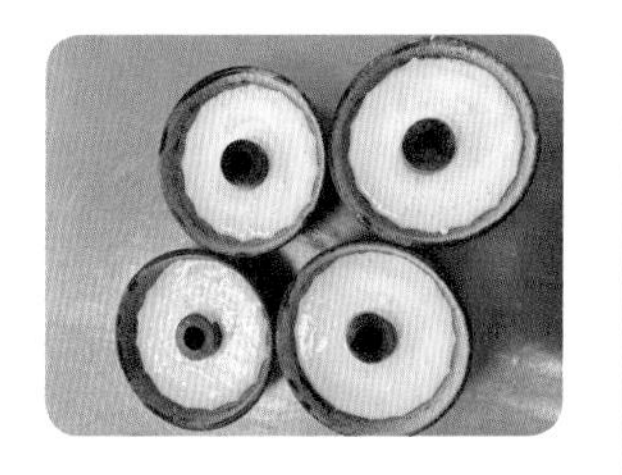	**14** 오븐 온도 윗불 180℃/아랫불 160℃로 약 30~35분 굽는다. 	**15** 구운 후 틀을 뒤집어서 식힌다. 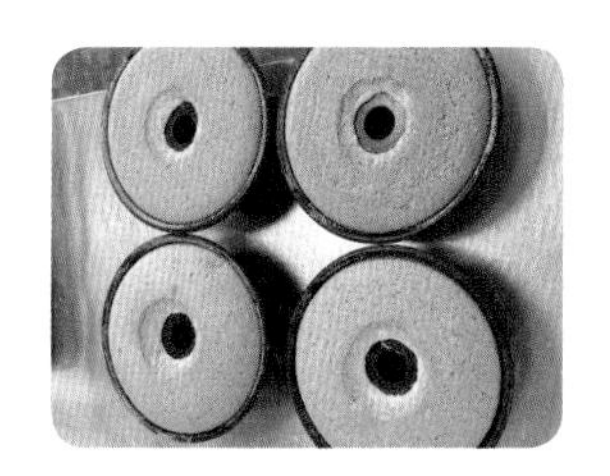

※ 팬닝 후 젓가락을 이용하여 윗면을 평평하게 한다.
※ 젖은 행주를 이용하여 식힌다. 틀에서 빼서 제출하기 때문에 시간이 필요하다.

16 틀에서 분리하고 구운 윗면이 아래로 가도록 하여 제출한다. 		

최종 제품평가

껍질 : 윗면은 황금갈색으로 굽고 옆면은 밝은색을 띠며 밑면은 고르게 색이 나야 한다.
부피 : 전체적으로 볼륨 있고 부피가 균일해야 하며 부피감이 너무 작으면 감점이다.
균형 : 윗면이 좌우 균형을 이루어야 하고 밑면이 움푹 파이거나 찌그러지면 감점된다.
내상 : 큰 기공이 없고 섞이지 않은 머랭 또는 가루가 없어야 하며 내부 조직이 조밀하지 않고 균일해야 한다.
맛향 : 씹는 식감이 탄력성이 있고 부드러워야 하며 비스퀴 드 사보아 특유의 맛과 향이 조화를 이루어야 한다.

※ 시간 내 완제품을 제출하기까지 시간조정이 필요하다.
틀에서 빼기까지 식히는 시간이 많이 필요하기 때문에 시간 계산을 잘 해야 한다.
구운 후 행주를 많이 준비해서 물을 적셔가며 빠르게 식힌다.
틀에서 뺄 때는 칼이나 스패출라, 주걱 등을 사용하지 않고 손으로 눌러서 빼도록 한다.

비스퀴 아 라 퀴이에르

시험시간	1시간 30분	제조방법	별립법(변형가능)

배합표	비율(%)	재료명	무게(g)
	180	달걀	540
	95	설탕	285
	65	박력분	195
	20	옥수수전분	60
	15	아몬드분말	45
	375	계	1,125
	비율(%)	재료명	무게(g)
	30	슈가파우더	90
	30	계	90

요구사항	※ **비스퀴 아 라 퀴이에르를 제조하여 제출하시오.** ❶ 배합표의 각 재료를 계량하여 재료별로 진열하시오.(4분) • 재료계량(재료당 1분)→[감독위원 계량 확인]→작품제조 및 정리정돈(전체 시험시간-재료계량시간) • 재료계량시간 내에 계량을 완료하지 못하여 시간이 초과한 경우 및 계량을 잘못한 경우는 추가의 시간부여 없이 작품제조 및 정리정돈 시간을 활용하여 요구사항의 무게대로 계량 • 달걀의 계량은 감독위원이 지정하는 개수로 계량 ❷ 반죽은 별립법(변형가능)으로 제조하시오. ❸ 반죽온도는 24℃를 표준으로 하시오. ❹ 반죽의 용량을 감안하여 모양이 잘 나타나도록 분할 성형하시오. - 60cm×40cm 팬에 짤주머니를 이용하여 사선으로 한판을 짜시오. - 남은 반죽으로 다른 팬에 지름 15cm 원형 4개를 제작하시오.(1호팬으로 원형 테두리를 그리거나 별도로 지참한 세르클 1호틀의 사용이 가능하며, 사선 또는 달팽이 모양으로 짜시오) ❺ 반죽은 전량을 사용하여 성형하고 슈가파우더를 뿌리시오.

공정준비	▶ 재료계량하기 ▶ 오븐 예열 및 도구 준비 ▶ 가루 체치기 (박력분, 옥수수전분, 아몬드분말) ▶ 노른자/흰자 분리 ▶ 팬 준비	요구 point	▶ 재료개량 : 4분 ▶ 별립법(변형가능) 제조 ▶ 반죽온도 : 24℃ ± 1 ▶ 준비된 팬
준비물(도구)	고무주걱, 나무주걱, 가루체, 비닐, 손거품기, 원형깍지, 짤주머니, 온도계, 갱지, 저울, 세르클 or 1호팬		

01 재료를 기준 시간 내에 정확하게 계량하여 노른자와 흰자를 분리한다.

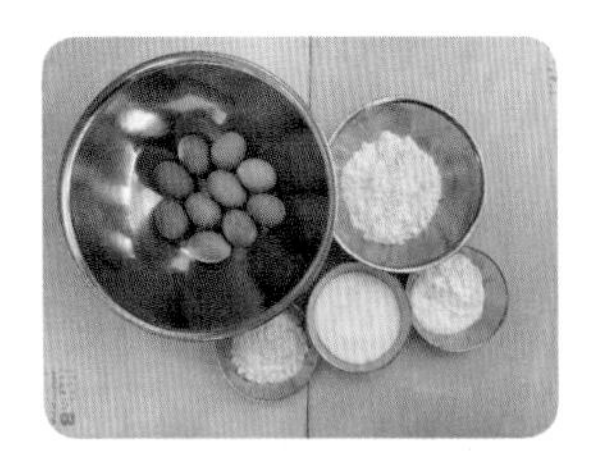

02 달걀을 분리하고 설탕을 A, B로 나눈다.

03 노른자를 풀어준다.

※ 달걀을 분리하고 1호팬의 모양을 그려 팬을 준비한다.
※ 가루(박력분, 아몬드분말, 옥수수전분)를 체쳐서 전처리한다.

04 설탕을 넣고 섞는다.

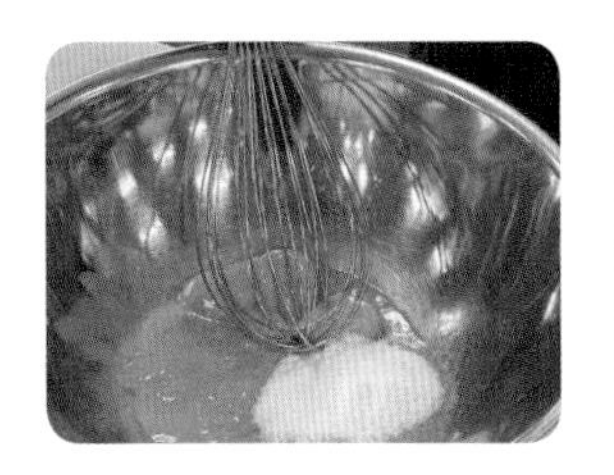

05 노른자를 휘핑하여 준비한다.

06 식용유를 넣고 섞는다.

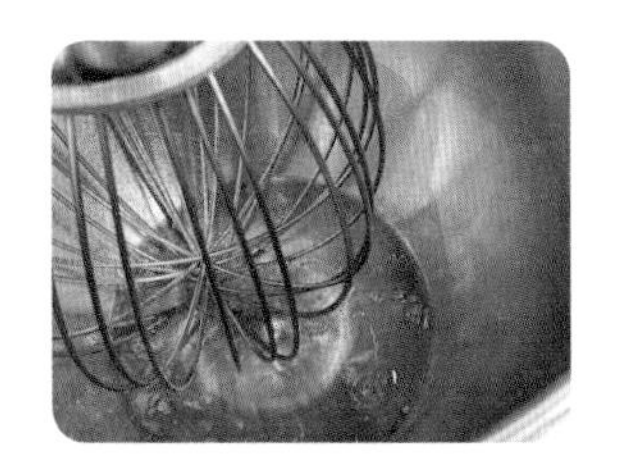

07 흰자에 설탕B를 3회 나누어 넣는다.

08 80~90% 중간피크상태의 머랭을 만든다.

09 휘핑한 노른자에 머랭 2/3를 섞는다.

※ 중간피크(90%)상태는 윤기가 흐르고 주걱으로 찍어 올려봤을 때 독수리부리 모양

10 체친 가루를 섞는다.

11 나머지 1/3 머랭을 매끈하게 섞는다.

12 반죽온도 체크 : 24℃ ±1 (23~25℃)

13 노른자 반죽에 머랭을 2회 나누어 섞는다.

14 반죽온도 체크 : 23℃ ±1 (22~24℃)
비중체크 : 비중 0.45 ± 0.05 (0.4~0.5)

15-1 성형 후 슈가파우더를 골고루 뿌린다.

※ 테프론시트 또는 갱지를 사용하여 성형한다.

15-2 성형 후 슈가파우더를 골고루 뿌린다.

16 오븐 온도 윗불 200℃/아랫불 150℃로 약 8분 동안 굽는다.

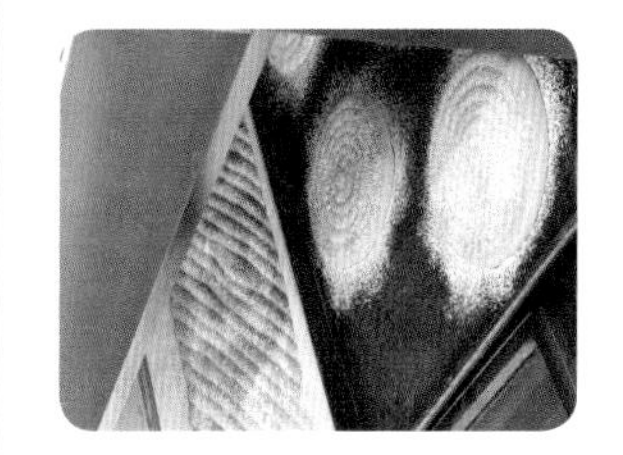

17 구운 면을 위로 하여 제출한다.

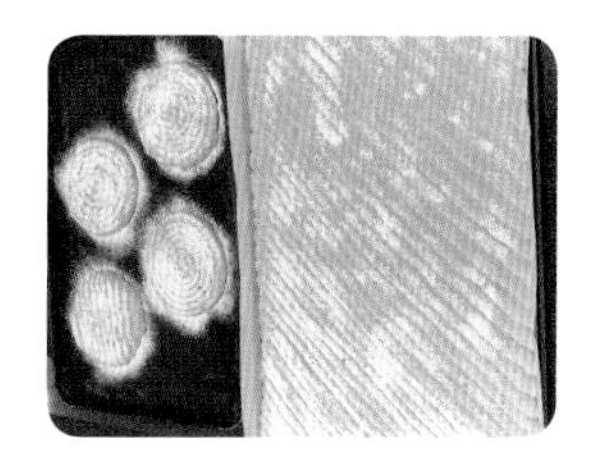

최종 제품평가

껍질 : 윗면은 황금갈색으로 굽고 선이 살아 있어야 하고 마르지 않게 굽도록 한다.

부피 : 퍼짐이 없이 볼륨 있고 부피가 균일해야 하며 부피감이 너무 작거나 성형한 선이 선명하지 않으면 감점이다.

균형 : 윗면 좌우 두께가 균형을 이루어야 하고 선이 불규칙하거나 찌그러지면 감점된다.

내상 : 큰 기공이 없고 섞이지 않은 머랭 또는 가루가 없어야 하며 내부 조직이 조밀하지 않고 균일해야 한다.

맛향 : 씹는 식감이 촉촉하고 부드러워야 하며 맛과 향이 조화를 이루어야 한다.
온도가 낮거나 너무 오래 구워 제품이 부스러지면 감점된다.

※ 짤주머니를 이용하여 일정한 두께로 성형하는 것이 중요하다.
무리해서 종이를 제거하려 하지 말고 감독위원의 지시에 따른다.
슈가파우더를 너무 많거나 적게 뿌리지 않도록 한다.
반죽이 퍼질 수 있으니 15cm 지름 원형 4개를 먼저 성형한다.
높은 온도에 빠르게 굽도록 한다.
머랭의 힘을 좋게 하기 위해 변형가능한 (붓세 반죽) 방법을 이용하면 더 좋다.

아몬드제노와즈

시험시간	2시간	제조방법	공립법

	비율(%)	재료명	무게(g)
배합표	80	박력분	640
	20	아몬드분말	160
	80	설탕	640
	110	달걀	880
	15	버터	120
	305	계	2,440

<table>
<tr><td>요구
사항</td><td colspan="3">※ 아몬드제노와즈(공립법)를 제조하여 제출하시오.
❶ 배합표의 각 재료를 계량하여 재료별로 진열하시오.(5분)
• 재료계량(재료당 1분)→[감독위원 계량 확인]→작품제조 및 정리정돈(전체 시험시간-재료계량시간)
• 재료계량시간 내에 계량을 완료하지 못하여 시간이 초과한 경우 및 계량을 잘못한 경우는 추가의 시간부여 없이 작품제조 및 정리정돈 시간을 활용하여 요구사항의 무게대로 계량
• 달걀의 계량은 감독위원이 지정하는 개수로 계량
❷ 반죽은 공립법으로 제조하시오.
❸ 반죽온도는 25℃를 표준으로 하시오.
❹ 반죽의 비중을 측정하시오.(0.48±0.05)
❺ 제시한 팬에 알맞도록 분할하시오.
❻ 반죽은 전량을 사용하여 성형하시오.</td></tr>
<tr><td>공정
준비</td><td>▶ 재료계량하기
▶ 오븐예열 및 도구 준비
▶ 중탕물 준비
▶ 가루 체치기(박력분, 아몬드분말)
▶ 버터 중탕</td><td>요구
point</td><td>▶ 재료계량 : 5분
▶ 공립법 제조
▶ 반죽온도 : 25℃ ± 1
▶ 비중 : 0.48 ± 0.05 (0.43~0.53)
▶ 3호 원형틀 4개 제조
▶ 반죽 전량 사용</td></tr>
<tr><td>준비물
(도구)</td><td colspan="3">고무주걱, 나무주걱, 가루체, 비닐, 손거품기, 유산지 2장, 3호틀 4개, 커터칼, 가위, 비중컵, 버너, 중탕물, 온도계, 저울</td></tr>
</table>

01 재료를 기준 시간 내에 정확하게 계량

02 계란을 풀어준 후 설탕을 넣고 섞는다.

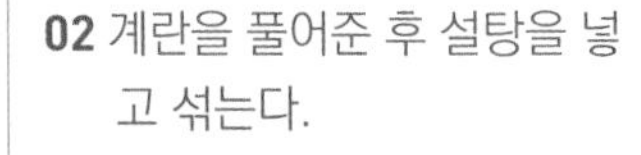

03 중탕온도는 37~43℃

04 중탕 완료 후 휘핑한다.

05 믹싱하는 동안 유지를 중탕한다.(약 37~43℃)

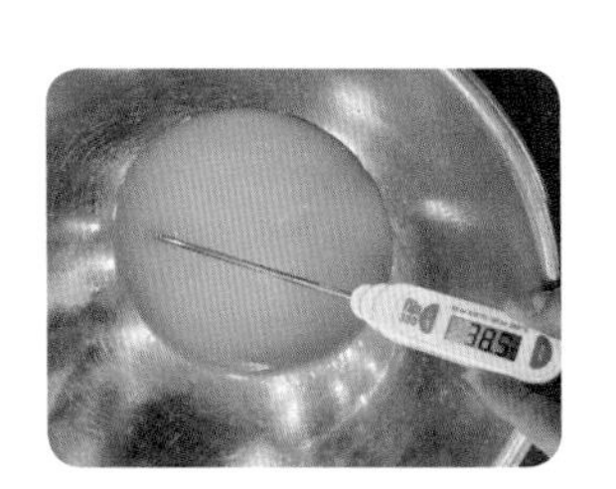

06 믹싱이 끝난 반죽에 체친 가루를 가볍게 혼합한다.(박력분, 아몬드분말)

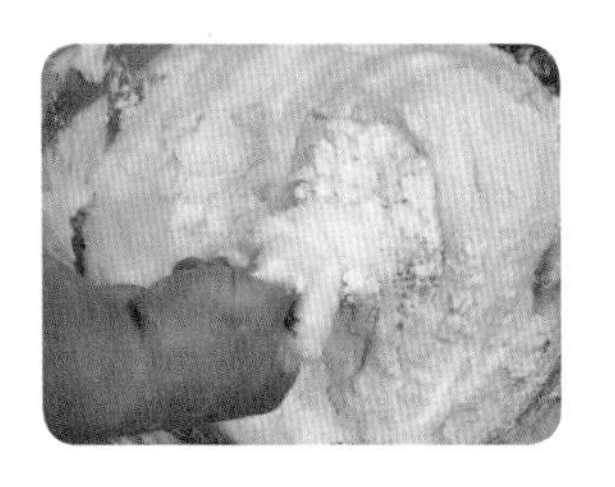

※ 고속으로 휘핑 후 완료점에서 저속으로 살짝 돌려 불규칙한 기포를 안정화한다.
반죽을 찍어서 들었을 때 2~3방울만 떨어지면 완성

07 중탕한 유지를 반죽 일부와 섞는다.

08 나머지 반죽과 가볍게 섞는다.

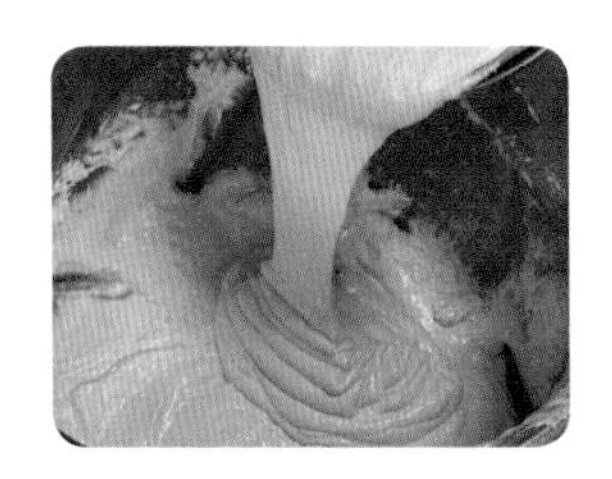

09 반죽온도 체크 : 25℃ ±1 (24~26℃)

※ 유지를 안정되게 섞는 방법(유지온도 37~43℃)

10 비중체크 : 비중 0.48 ± 0.05 (0.43~0.53)

11 짤주머니를 사용하여 3호 원형틀에 560g씩 팬닝하고 남은 반죽은 추가로 나눈다.(팬 높이 약 60%)

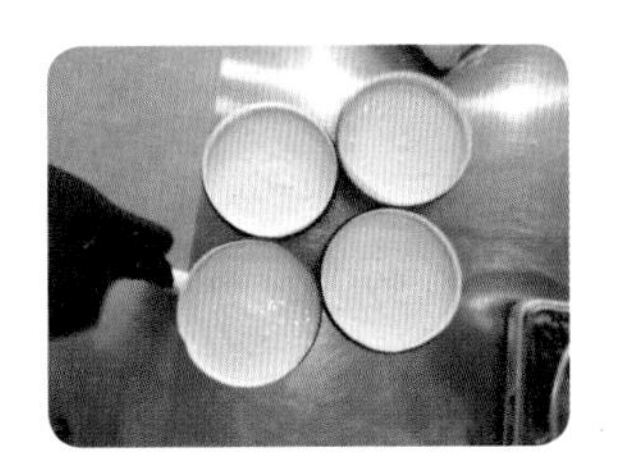

12 오븐 온도 윗불 170℃/아랫불 150℃에 약 30분 굽는다.

13 굽기 완료 후 제출

14 완제품

최종 제품평가

껍질 : 면은 황금갈색으로 굽고 옆면과 밑면의 색이 균일하게 나야 한다.
흰색 반점 또는 기포 자국이 남거나 윗면이 터지고 껍질이 두꺼우면 감점된다.

부피 : 부피가 6cm 이상으로 볼륨이 있어야 하며 부피감이 작거나 너무 크면 감점이다.

균형 : 윗면이 갈라지지 않아야 하며 좌우 균형을 이루어야 하고 찌그러지거나 주름이 잡히면 감점된다.

내상 : 큰 기공이 없고 섞이지 않은 가루가 없어야 하며 내부 조직이 조밀하지 않고 균일해야 한다.
내상에 유지층이 생기면 감점된다.

맛향 : 식감이 부드러워야 하며 아몬드제노와즈 특유의 맛과 향이 조화를 이루어야 한다.

※ 반죽 믹싱 전 중탕해서 설탕입자를 녹인다.
유지 중탕 후 반죽을 섞기 전 소량의 반죽과 먼저 섞고 나머지를 섞는다.
완성된 반죽이 기포가 많이 생기지 않도록 주의해서 신속하게 섞는다.
유지 중탕 시 스텐볼을 사용한다.(플라스틱 용기 사용 지양)
수분이 덜 빠지면 윗면에 손자국이 남는다.

제빵산업기사

잉글리시 머핀

시험시간	3시간 20분	제조방법	스트레이트법

	비율(%)	재료명	무게(g)
배합표	100	강력분	1,000
	60	물	600
	3	이스트	30
	2	제빵개량제	20
	1	소금	10
	4	설탕	40
	6	버터	60
	0.5	사과식초	5(6)
	176.5	합계	1,765

요구사항	**※ 잉글리시 머핀을 제조하여 제출하시오.** ❶ 배합표의 각 재료를 계량하여 재료별로 진열하시오.(8분) • 재료계량(재료당 1분)→[감독위원 계량 확인]→작품제조 및 정리정돈(전체 시험시간-재료계량시간) • 재료계량시간 내에 계량을 완료하지 못하여 시간이 초과한 경우 및 계량을 잘못한 경우는 추가의 시간부여 없이 작품제조 및 정리정돈 시간을 활용하여 요구사항의 무게대로 계량 • 달걀의 계량은 감독위원이 지정하는 개수로 계량 ❷ 스트레이트법 공정에 의해 제조하시오. (반죽온도는 27℃로 한다) ❸ 표준분할무게는 40g으로 분할하시오. (별도의 잉글리시 머핀틀을 사용하지 않고 제조하시오) ❹ 반죽은 모두 성형하고 절반만 구워 제출하시오. ❺ 남은 반죽은 감독위원의 지시에 따라 별도로 제출하시오.

공정준비		요구 point	
	▶ 재료계량하기 ▶ 도구 준비 ▶ 물온도 준비 ▶ 발효실 확인		▶ 재료계량 : 8분 ▶ 반죽온도 : 27℃ ± 1 ▶ 스트레이트법 제조

준비물(도구)	
	스크래퍼, 덧가루(강력분), 온도계, 비닐, 평철판 4장(시험 시 2장 필요), 저울, 밀대

제조 공정

01 재료를 주어진 시간에 맞게 정확히 계량(개당 1분)

02 버터를 제외하고 모든 재료를 혼합한다. 모든 재료가 수화되면 버터를 넣고 반죽

03 반죽의 완료점은 렛다운단계까지 반죽

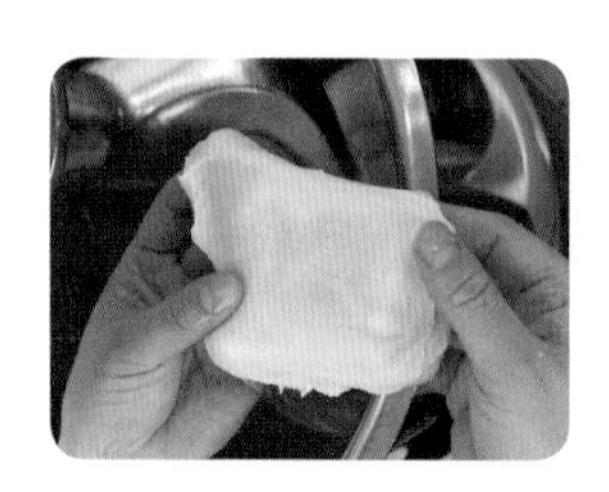

※ 렛다운단계는 글루텐의 탄력성이 없고 신장성이 최대이다.
※ 반죽이 탄력 없이 옆으로 퍼져야 하기 때문에 렛다운단계까지 반죽한다.

04 반죽온도 체크 : 27℃ ±1 (26~28℃)

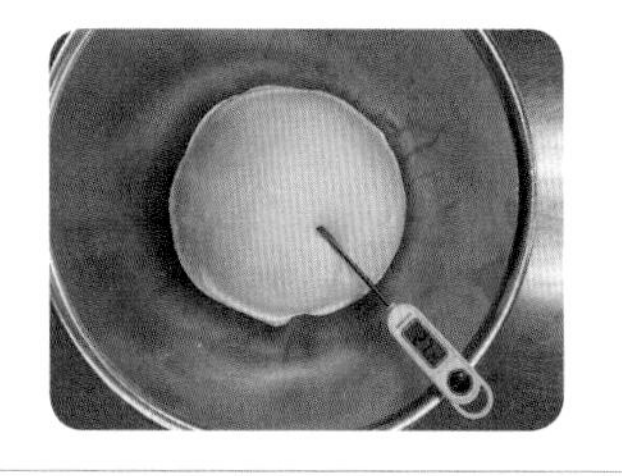

05 1차 발효기 온도 27℃, 습도 75~80% 약 40~45분 동안 1차 발효한다.

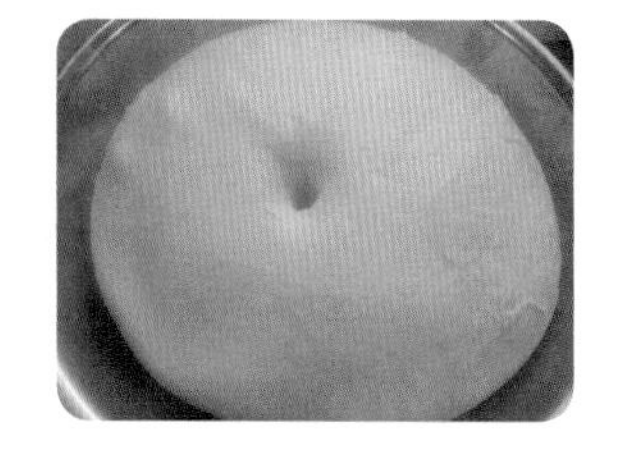

06 분할 중량 40g씩 약 43개 분할한다. 남은 반죽은 감독위원의 지시에 따른다.

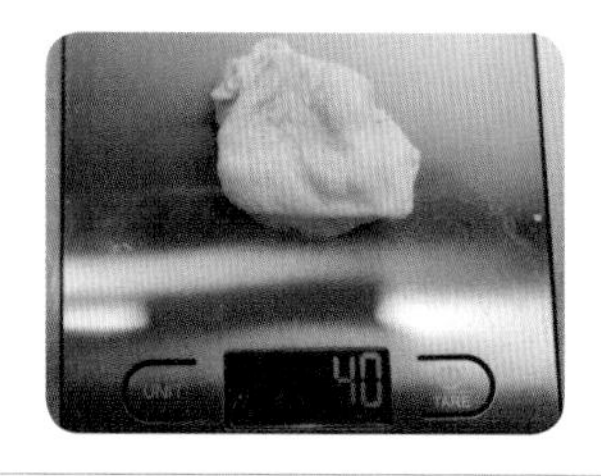

07 둥글리기한 후, 비닐을 덮고 실온에서 약 10분 동안 중간발효한다.

08 중간발효 후 재몰딩을 한다.

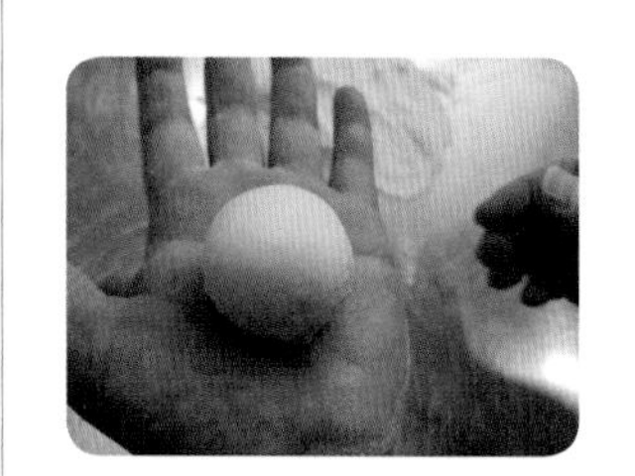

09 둥글리기 후 밑면을 잘 묶는다.

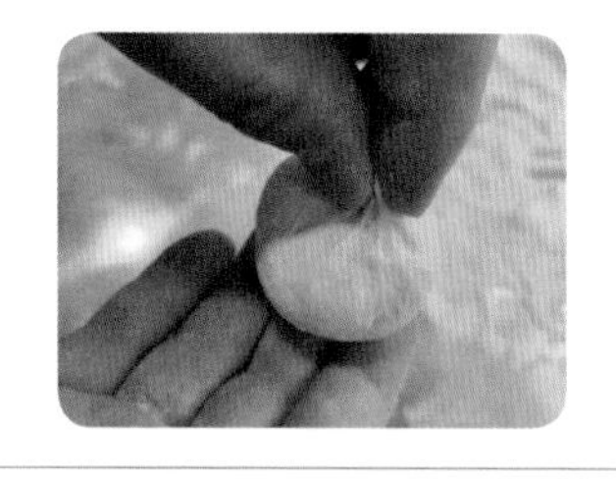

10 세몰리나를 묻히고 밀대를 이용하여 둥글게 밀어편다.

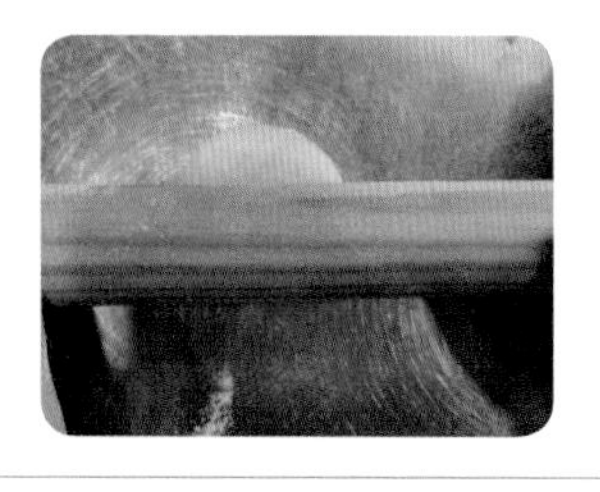

11 지름 6.5cm로 밀어편다.

12 감독위원의 지시에 따라 팬닝한다.
10~12개씩 2팬 팬닝

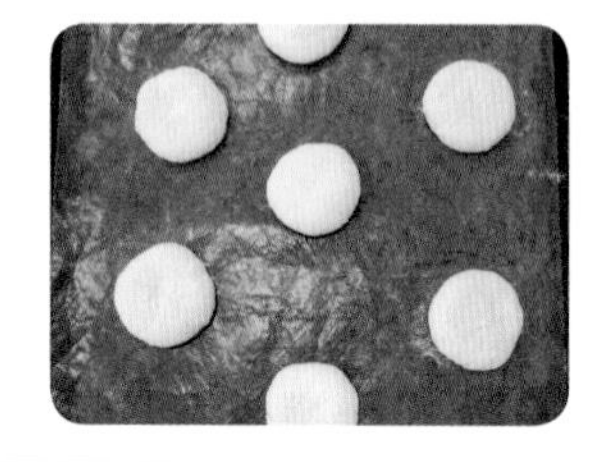

※ 모든 반죽을 정형하고 1/2만 팬닝하여 굽고 나머지는 굽지 않고 제출한다.

13 2차 발효 온도 35~40℃, 습도 85~90% 약 30~35분 발효한다.(지름 8cm) 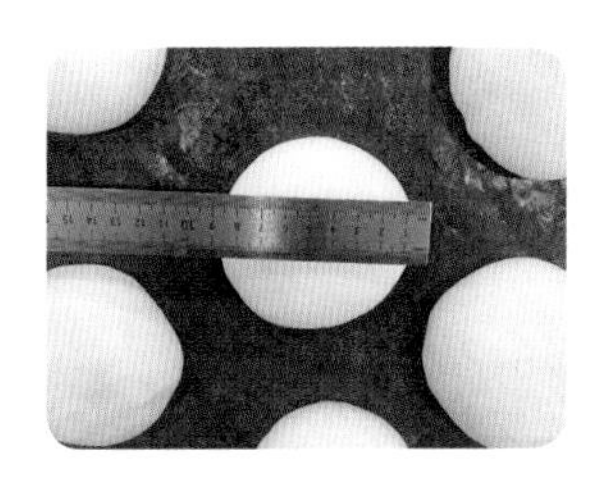	**14** 사각 모퉁이에 2.5cm 높이 막대를 놓고 테프론 시트를 덮는다. 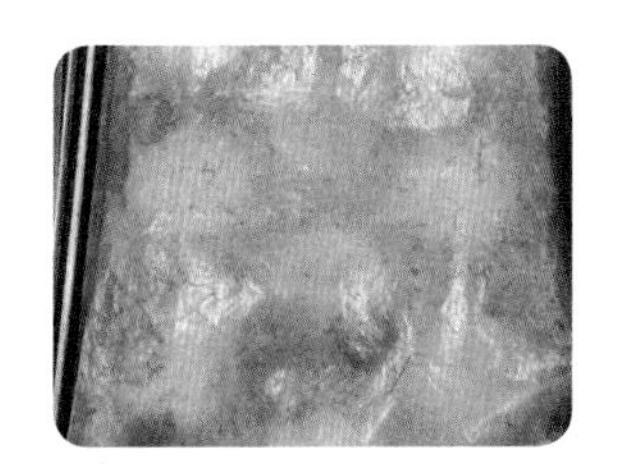	**15** 철판을 덮고 윗불 200℃/아랫불 200℃ 약 12분 굽는다.(상태확인) 
16 최종 지름 약 10cm 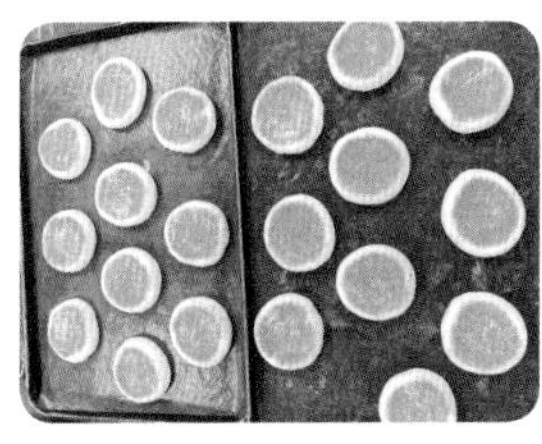		

최종 제품평가

껍질 : 윗면과 밑면의 색은 황금갈색으로 일정하게 나야 한다.
옆면에 기포가 발생되지 말아야 한다. 감점요인

부피 : 반죽 40g의 부피가 적당해야 하며 크거나 작으면 감점된다.

균형 : 빵의 표면이 일정하고 대칭이 되어야 한다.
옆면이 찌그러지거나 대칭이 맞지 않으면 감점된다.

내상 : 빵을 자른 단면은 기공이 없고 조직이 균일하고 부드러워야 하며 줄무늬, 어두운 색이 나면 감점된다.

맛향 : 잉글리시 머핀의 은은한 향과 식감이 쫄깃하고 좋아야 한다.
오래 굽거나 발효 부족으로 딱딱한 식감이 나면 감점된다.

※ 렛다운단계까지 약 20분간 믹싱한다. 고속으로 믹싱하면 온도가 상승하므로 주의한다.
탄력성을 없애고 볼륨 없이 퍼지는 제품을 만들어야 한다.
정형은 지름 6.5cm로 밀어펴고 2차 발효는 약 8cm까지 발효하여 철판을 덮고 굽는다.
최종 완제품은 지름 10cm, 높이 2.5cm의 두께로 일정하게 굽도록 한다.

호두건포도빵

시험시간	4시간	제조방법	스트레이트법

배합표	비율(%)	재료명	무게(g)
	100	강력분	1,000
	6	설탕	60
	2	소금	20
	1	제빵개량제	10
	4	이스트	40
	5	달걀	50
	25	우유	250
	35	물	350
	10	버터	100
	20	건포도	200
	20	호두	200
	228	합계	2,280

※ 계량시간 제외

비율(%)	재료명	무게(g)
20	강력분	200

<table>
<tr><td>요구
사항</td><td colspan="3">※ 호두건포도빵을 제조하여 제출하시오.
❶ 배합표의 각 재료를 계량하여 재료별로 진열하시오.(11분)
• 재료계량(재료당 1분)→[감독위원 계량 확인]→작품제조 및 정리정돈(전체 시험시간-재료계량시간)
• 재료계량시간 내에 계량을 완료하지 못하여 시간이 초과한 경우 및 계량을 잘못한 경우는 추가의 시간부여 없이 작품제조 및 정리정돈 시간을 활용하여 요구사항의 무게대로 계량
• 달걀의 계량은 감독위원이 지정하는 개수로 계량
❷ 스트레이트법 공정에 의해 제조하시오.(반죽온도는 27℃로 한다)
❸ 표준분할무게는 250g으로 분할하시오.
❹ 성형은 36~38cm 크기의 막대모양으로 성형하고 밀가루를 묻혀 성형하고 사선으로 3개의 칼집을 내시오.
❺ 반죽은 전량을 사용하여 성형하여 완제품을 제출하시오.</td></tr>
<tr><td>공정
준비</td><td>▶ 재료계량하기
▶ 도구 준비
▶ 물온도 준비
▶ 발효실 확인</td><td>요구
point</td><td>▶ 재료계량 : 11분
▶ 반죽온도 : 27℃ ± 1
▶ 스트레이트법 제조</td></tr>
<tr><td>준비물
(도구)</td><td colspan="3">밀대, 스크래퍼, 덧가루(강력), 온도계, 비닐, 평철판 2장, 분무기, 저울, 가루체, 쿠프용 칼, 자</td></tr>
</table>

제조 공정

01 재료를 주어진 시간에 맞게 정확히 계량(개당 1분)

02 호두, 건포도 전처리
호두는 굽고, 건포도는 물에 담근다.

03 버터를 제외하고 모든 재료를 혼합한다.

04 모든 재료가 수화되면 버터를 넣고 반죽
반죽의 완료점은 최종단계까지 반죽

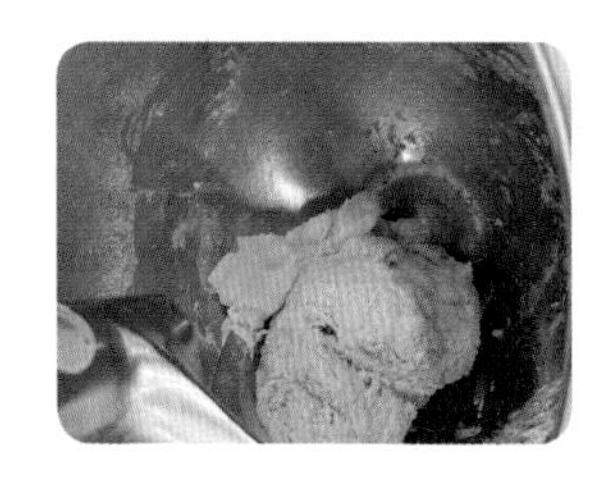

05 최종단계까지 믹싱한다.

06 준비된 충전물을 섞는다.

※ 충전물이 으깨지지 않도록 저속으로 살짝 섞어준다.

07 반죽온도 체크 : 27℃ ±1 (26~28℃)

08 1차 발효기 온도 27℃, 습도 75~80% 약 40~45분 동안 1차 발효한다.

09 분할 중량 250g씩 분할한다.

10 둥글리기한 후, 비닐을 덮고 실온에서 약 10분 동안 중간발효한다.

11 밀대를 이용하여 밀어편다.

12 36~38cm의 막대 모양으로 정형한다.

13 두 번에 나눠 밀어 길이를 맞춘다.

14 이음매를 봉하고 밀가루를 묻힌다.

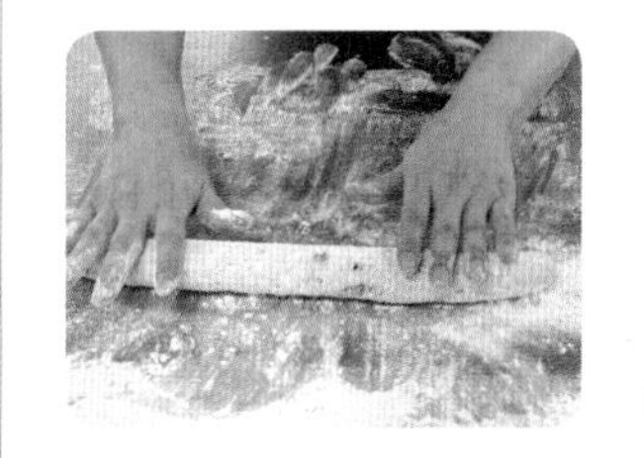

15 평철판에 5개씩 일정한 간격으로 팬닝

※ 표면에 밀가루를 골고루 묻힌다.

※ 정형 후 5개씩 일정한 간격으로 팬닝한다.

16 2차 발효 온도 32~38℃, 습도 80~85% 약 40~45분 발효하고 3개의 칼집낸다.

17 2차 발효 온도 32~38℃, 습도 80~85% 약 40~45분 발효한다.(상태확인)

18 오븐 온도 윗불 200℃/아랫불 180℃ 약 25분 굽는다.(상태확인)

최종 제품평가

껍질 : 윗면은 황금갈색으로 굽고 옆면과 밑면 등 전체 색이 균일하게 나야 한다.
껍질에 기포가 생기거나 표면이 터지면 감점된다.

부피 : 반죽 250g의 부피가 적당해야 하며 크거나 작으면 감점된다.

균형 : 빵의 표면이 볼륨 있는 모양으로 일정하고 대칭이 되어야 한다.
옆면이 찌그러지거나 막대 모양의 대칭이 맞지 않으면 감점된다.

내상 : 빵을 자른 단면은 기공이 없고 조직이 균일하고 부드러워야 하며 충전물이 골고루 분포되어야 한다. 줄무늬, 어두운 색이 나면 감점된다.

맛향 : 건포도와 호두의 고소한 맛과 향이 잘 어우러지고 속이 부드러워야 한다.
오래 굽거나 발효 부족으로 딱딱한 식감이 나면 감점된다.

※ 믹싱은 최종단계까지 한다.
발효실의 온도와 습도는 기본 제품보다 조금 낮춘다.
정형 시 두께가 일정한 막대 모양으로 약 36~38cm 길이로 정형한다.
2차 발효 시 서로 붙지 않도록 팬닝에 주의한다.

※ 칼집을 내기 전 발효실에서 꺼낸 후 약 5분간 표면을 살짝 건조시킨다.
3개의 칼집 길이를 일정하게 내준다.

MEMO

화이트크림빵

시험시간	4시간	제조방법	스트레이트법

배합표

비율(%)	재료명	무게(g)
90	강력분	900
10	박력분	100
5	설탕	50
1	소금	10
4	이스트	40
5	탈지분유	50
1	제빵개량제	10
15	달걀	150
20	우유	200
25	물	250
10	버터	100
186	합계	1,860

※ 충전용 재료는 계량시간에서 제외

비율(%)	재료명	무게(g)
20	옥수수전분	200
90	휘핑크림	900

<table>
<tr><td rowspan="1">요구
사항</td><td colspan="3">※ 화이트크림빵을 제조하여 제출하시오.
❶ 배합표의 각 재료를 계량하여 재료별로 진열하시오.(11분)
• 재료계량(재료당 1분)→[감독위원 계량 확인]→작품제조 및 정리정돈(전체 시험시간-재료계량시간)
• 재료계량시간 내에 계량을 완료하지 못하여 시간이 초과한 경우 및 계량을 잘못한 경우는 추가의 시간부여 없이 작품제조 및 정리정돈 시간을 활용하여 요구사항의 무게대로 계량
• 달걀의 계량은 감독위원이 지정하는 개수로 계량
❷ 스트레이트법 공정에 의해 제조하시오.(반죽온도는 27℃로 한다)
❸ 표준분할무게는 80g으로 분할하시오.
❹ 성형은 36~38cm 크기의 막대모양으로 성형하시오.
❺ 옥수수전분을 묻혀 성형하시오.
❻ 반죽은 전량을 사용하여 성형하시오.
❼ 냉각 후 휘핑크림을 빵에 충전하시오.</td></tr>
<tr><td>공정
준비</td><td>▶ 재료계량하기
▶ 도구 준비
▶ 물온도 준비
▶ 발효실 확인</td><td>요구
point</td><td>▶ 재료계량 : 11분
▶ 반죽온도 : 27℃ ± 1
▶ 스트레이트법 제조</td></tr>
<tr><td>준비물
(도구)</td><td colspan="3">스크래퍼, 덧가루(강력분), 온도계, 비닐, 평철판 3장, 저울, 짤주머니, 손거품기</td></tr>
</table>

01 재료를 주어진 시간에 맞게 정확히 계량(개당 1분)

02 버터를 제외하고 모든 재료를 혼합한다.

03 모든 재료가 수화되면 버터를 넣고 반죽

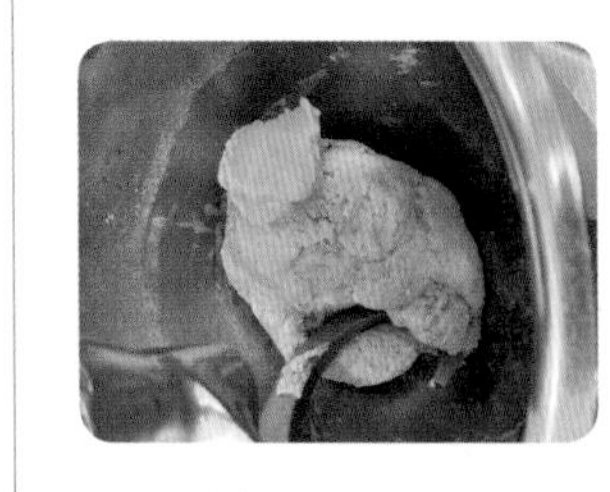

04 반죽의 완료점은 최종단계까지 반죽

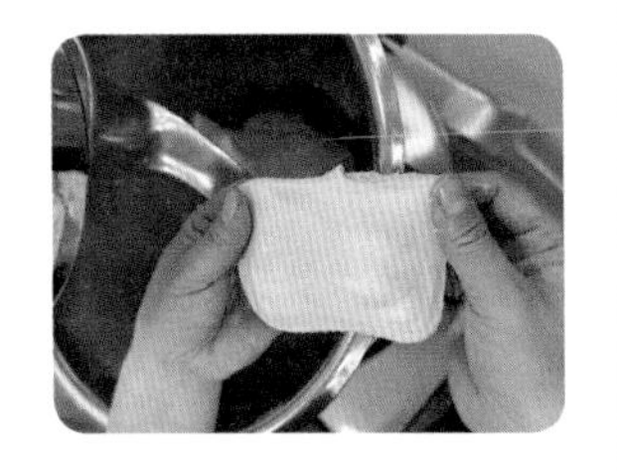

05 반죽온도 체크 : 27℃ ±1 (26~28℃)

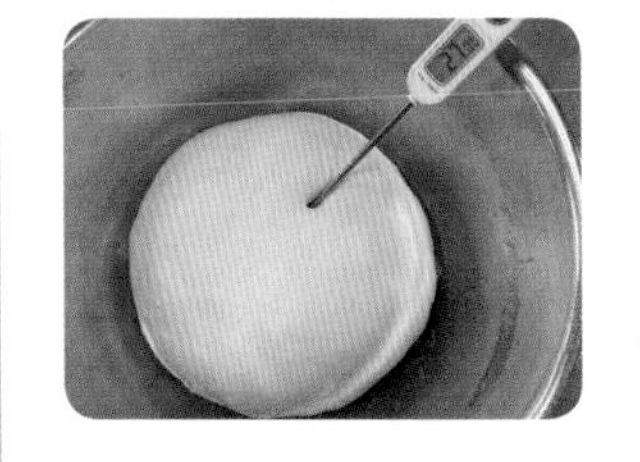

06 1차 발효기 온도 27℃, 습도 75~80% 약 40~45분 동안 1차 발효한다.

※ 최종단계는 글루텐의 탄력성과 신장성이 최대이다. 최종단계까지 반죽한다.

07 분할 중량 80g씩 약 22개 분할한다.

08 둥글리기한 후, 비닐을 덮고 실온에서 약 10분 동안 중간발효한다.

09 손으로 눌러가며 말아서 정형한다.

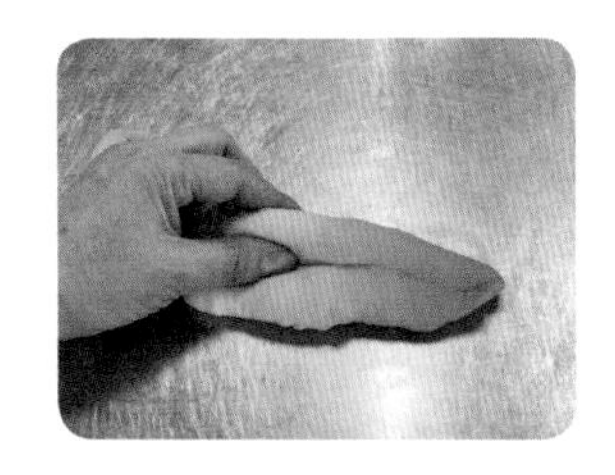

10 길이는 약 10cm로 밀어 정형한다.

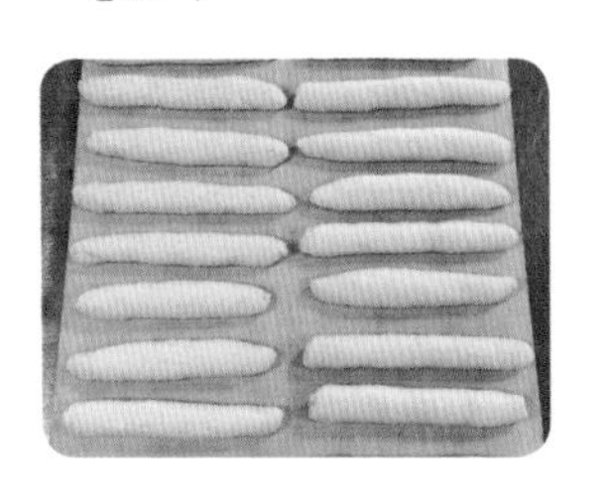

11 성형은 두 번에 나눠 밀어 편다.

12 길이 36~38cm 크기의 막대모양으로 성형한다.

13 옥수수전분을 묻힌다.

14 약 7~8개씩 일정한 간격으로 팬닝한다.

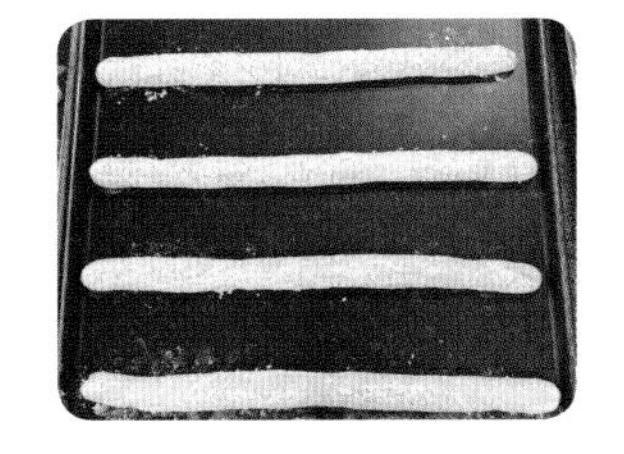

15 2차 발효 온도 35~40℃, 습도 85~90% 약 40~45분 발효한다.(상태확인)

※ 색이 나지 않도록 주의한다.

16 오븐 온도 윗불 160℃/아랫불 140℃ 약 12분 굽는다.(상태확인)

17 완전히 식힌 후 빵칼을 이용해 가운데를 자르고 크림을 넣어준다.

18 크림의 양은 약 45~50g을 넣고 완성한다.

최종 제품평가

껍질 : 껍질은 색이 나지 않도록 낮은 온도에서 화이트로 굽는다.
색이 나거나 껍질에 기포가 생기면 감점된다.

부피 : 반죽 80g의 부피가 적당해야 하며 크거나 작으면 감점된다.

균형 : 빵의 표면이 볼륨 있는 모양으로 일정하고 대칭이 되어야 한다.
옆면이 찌그러지거나 길이와 두께가 불규칙하면 감점된다.

내상 : 빵을 자른 단면은 기공이 없고 조직이 균일하고 부드러워야 하며 줄무늬, 어두운 색이 나면 감점된다.
크림은 약 45~50g씩 빵의 중앙에 골고루 넣는다.

맛 향 : 크림빵의 은은한 향과 식감이 부드럽고 좋아야 한다.
오래 굽거나 발효 부족으로 딱딱한 식감이 나면 감점된다.

※ 중간발효 후 정형은 2번에 나누어 만든다.(과발효 시 모양이 깔끔하게 성형되지 않음)
길이 36~38cm로 두께를 일정하게 밀어펴서 정형한다.
2차 발효를 충분히 하여 낮은 온도에 색이 나지 않도록 빵을 부드럽게 굽는다.
구운 후 완전히 식히고 재단하여 찌그러지지 않도록 주의한다.

Profile

조승균

現) 백석대학교 외식산업학부 제과제빵전공 주임교수
- 경기대학교 외식경영전공 관광학 박사
- 한양여자대학교 외식산업과 조교수
- (사)한국외식경영학회 부회장
- ㈜조선호텔베이커리 점장, MSV(위생, 품질 담당)
- 대한민국 제과기능장
- 한국제과기능장협회 전시운영 위원장
- 제과기능장, 산업기사, 기능사 실기시험 감독위원
- 전국기능경기대회 제과제빵 부문 기술위원
- 중등학교 정교사 1급 교원자격

email : sgcho9757@bu.ac.kr

김영희

現) 충남제과제빵커피 직업전문학교 교장
- 공주대학교 산업과학대학원 식품공학 석사
- 대한민국 제과기능장
- 직업훈련교사 1급(제과 · 제빵 · 떡 제조)
- 직업훈련교강사 식품가공분야 보수교육 과정개편위원
- 일본 동경제과학교 연수
- 프랑스 Ecole Bellouet Conseil 제과학교 연수
- 대안교육부문 교육부장관 표창
- 진로교육부문 교육부장관 표창
- 직업능력개발 공로부문 고용노동부장관 표창

저자와의
합의하에
인지첩부
생략

제과제빵기능사와 제과제빵산업기사

2025년 3월 20일 초판 1쇄 인쇄
2025년 3월 25일 초판 1쇄 발행

지은이 조승균·김영희
펴낸이 진욱상
펴낸곳 (주)백산출판사
교 정 성인숙
본문디자인 신화정
표지디자인 오정은

등 록 2017년 5월 29일 제406-2017-000058호
주 소 경기도 파주시 회동길 370(백산빌딩 3층)
전 화 02-914-1621(代)
팩 스 031-955-9911
이메일 edit@ibaeksan.kr
홈페이지 www.ibaeksan.kr

ISBN 979-11-6567-997-2 13590
값 24,000원